Anke Stockhausen

Gesprächsführung und Verhandlungen

CRASHKURS!

Die Internetadressen, die in diesem Buch angegeben sind,
wurden vor Drucklegung geprüft (Stand: November 2009).
Der Verlag und die Autorin übernehmen keine Gewähr
für die Aktualität und den Inhalt dieser Adressen und solcher,
die mit ihnen verlinkt sind.

Redaktionsassistenz:
Silke Korporal
Verlagsredaktion:
Erich Schmidt-Dransfeld
Layout und technische Umsetzung:
Verena Hinze, Essen
Umschlaggestaltung:
Gabriele Matzenauer, Berlin
Titelfoto:
Andersen Ross / gettyimages©

Informationen über Cornelsen Fachbücher und Zusatzangebote:
www.cornelsen.de/berufskompetenz

1. Auflage

© 2010 Cornelsen Verlag Scriptor GmbH & Co. KG, Berlin

Druck
CS Druck Cornelsen Stürtz, Berlin

ISBN
978-3-589-23773-9

Inhalt gedruckt auf säurefreiem Papier aus nachhaltiger Forstwirtschaft.

Inhalt

Zu diesem Crashkurs

„DIE TÜR ZU GELUNGENER KOMMUNIKATION GEHT NUR VON INNEN AUF ..."

Was bietet Ihnen dieser Kurs?

Sie haben zu diesem Crashkurs Gesprächs- und Verhandlungsführung gegriffen – da nehme ich natürlich an, dass Sie Ihre kommunikativen Kompetenzen verbessern möchten und dies ohne Umwege und zügig. Zunächst möchte ich Sie darin bekräftigen, dass man gute Gesprächsführung lernen und sich ständig verbessern kann. Um dies zu erreichen, unterscheidet sich dieser Crashkurs von vielen rein informativen Büchern über Kommunikation durch seinen hohen Anteil an Praxisbezug und Übung. Er enthält 23 Übungen. Sie sind durchnummeriert und im Anhang (Seite 126 f.) finden Sie Lösungshinweise.

Allerdings möchte ich vorab mit einigen möglichen Missverständnissen aufräumen. Erfolgreiche Gesprächsführung und Verhandlungskompetenz erschöpft sich nicht in guter Sprechfertigkeit, sondern ist viel mehr. Gut reden zu können ist wichtig, aber ein extra Thema. Gute Gesprächsführung besteht auch nicht einfach nur aus Rezepten. Sondern Sie benötigen dafür ein wenig Hintergrundwissen. Wenn Sie dieses Wissen erworben haben, laufen Ihre Gespräche schon ganz anders, einfach sicherer und professioneller. Keine Sorge, man muss natürlich nicht alles in aller Tiefe wissen, um es nachher anwenden zu können. Vielmehr tauchen wir zunächst in jedem Kapitel in ausreichend Hintergrundwissen ein – so viel wie nötig und so wenig wie möglich. Obwohl das Buch ein Crashkurs ist, geht das alles leider nicht in ganz kurzer Zeit, aber das haben Sie hoffentlich auch nicht erwartet. Wichtig ist, dass Sie bereit und offen sind, etwas für den Ausbau Ihrer Kompetenzen zu tun und dazuzulernen. Genau das ist das Vorgehen: Alles, was Sie in diesem Crashkurs lernen, bringt Sie weiter und Sie verbessern beim Durcharbeiten kontinuierlich Ihre Fähigkeiten. Wenn Sie also eine Weile am Thema Gesprächs- und Verhandlungsführung dran bleiben, werden Sie rasch merken, wie gut Sie vorankommen und dass Ihnen Gespräche und Verhandlungen immer besser gelingen.

Wie ist der Kurs nun genau aufgebaut?

In Kapitel 1 führen wir in die Situationen ein, um die es gehen soll und wir grenzen ab, worüber wir nicht sprechen werden. Der Crashkurs bezieht sich auf Gespräche und Verhandlungen, nicht aber auf Reden, Vorträge etc.

Grundlegendes Wissen über Kommunikation vermittelt Ihnen Kapitel 2. Dabei ist vor allem die Theorie zur interaktiven Kommunikation, also der eigentlichen Gesprächsführung, hilfreich. Sie bietet Modelle, die den Verlauf und vor allem die Probleme in Gesprächen erklären, aufdecken und lösen helfen.

Das Wichtigste zu den bekannten und vor allem bewährten Modellen erfahren Sie detaillierter in Kapitel 3. Auch wenn „reden können" als extra Bereich ausgeklammert bleiben muss, siehe oben, möchte ich doch auf dessen Wichtigkeit hinweisen. Gute

Worte und Modelle bringen nicht weiter, wenn der Klang der Stimme nicht dazu passt oder die Körpersprache etwas anderes sagt, als man ausdrücken möchte. Die Verbesserung der Sprechfertigkeit gelingt natürlich am allerbesten in einem Kurs oder Lehrgang. Wer hier Bedarf hat, dem empfehle ich also ein Stimm- und Sprechtraining bei einem der vielen Sprecherzieher in Deutschland. Am Ende des Buches stehen Adressen, unter denen Sie sich informieren können. Entsprechendes gilt für Körpersprache – dazu finden Sie auch Kurse, die Übungen zum Beispiel aus dem Theaterumfeld bieten. Die kosten übrigens nicht die Welt und man findet sie unter anderem an diversen Volkshochschulen.

Kapitel 4 befasst sich mit der konkreten Anwendung, d. h. mit den Gesprächstechniken. Diese Techniken sind in allen Arten von Gesprächen wichtig. Weil sie so wesentlich sind, gehören sie in ein extra Kapitel. Von einigen haben Sie vermutlich schon gehört – vom aktiven Zuhören zum Beispiel. Aber wie sage ich immer etwas provokant: *Manchmal macht ein kleiner Vokal den Unterschied – kennen ist eben nicht können.* Und deshalb endet jedes Kapitel mit diversen Übungen und einem zusammenfassenden Fall-/Übungsbeispiel. Wie es oben schon angeklungen ist: etwas Neues lernen ohne etwas zu tun klappt leider nicht ...

In Kapitel 5 und 6 erfahren Sie Wesentliches darüber, wie man Gespräche und Verhandlungen strukturieren und gezielt vorbereiten kann. Schritt für Schritt nachvollziehbar. Insgesamt sollten Sie vor allem eines wissen: Prävention ist auch bei Gesprächen immer die beste Lösung. Wer in Gespräche gut vorbereitet hineingeht – mit Struktur und Hintergrundwissen – wird immer wieder überrascht sein, wie gut es tatsächlich gelingt, selbst in schwierigen Fällen die Zügel in der Hand zu behalten – für seine Gefühle, für den Gesprächsverlauf als solches und natürlich für positive Ergebnisse.

Eines noch liegt mir wirklich am Herzen! Es gibt eine Gesprächsbasis, die Sie nicht wirklich „lernen" können. Diese haben Sie oder haben sie verloren, vorhanden war sie jedoch immer. Diese Basis ist Wohlwollen. Der einfache aber wahre Satz lautet: *Ohne Wohlwollen keine Verständigung.* Man kann sich über vieles streiten – solange Wohlwollen vorhanden ist, ist eine Lösung immer möglich! Ist sie es nicht mehr, haben wir es mit mehr zu tun als mit einer schwierigen Gesprächssituation. Dann handelt es sich um einen handfesten Konflikt, den Sie am besten mit Unterstützung eines Kommunikationsprofis, wie etwa einem Mediatoren, klären können.

Nun haben Sie eine Übersicht und wissen, was Sie erwartet. Dies ist ein Kurs, kein Theorie-Buch. Also legen Sie los, stöbern Sie, lesen Sie, üben Sie und lösen Sie. Krempeln Sie die Ärmel auf, los geht's und viel Spaß dabei. Und am Ende können Sie wirklich etwas Neues – versprochen!

1 Typische Kommunikationssituationen

„Die Leute klicken sich nur noch durch ihre Präsentationen und sind richtige Folienjockeys geworden. Kann denn hier keiner mehr ein anständiges Gespräch führen?"

Zitat eines Teilnehmers aus einem Seminar „kundenorientierte Kommunikation"

Ziele des Kapitels

In diesem Kapitel bekommen Sie eine Einführung zu diesem Kurs und wissen, mit welchen Arten von Kommunikationssituationen sich der Kurs konkret befasst. Außerdem lernen Sie die typischen Merkmale der unterschiedlichen Gesprächssituationen kennen und können diese klar voneinander unterscheiden.

1.1 Vortrag oder Präsentation

Vorträge und insbesondere Präsentationen gehören zum beruflichen Alltag und fast jeder setzt mehr oder weniger regelmäßig andere Kollegen, Vorgesetzte oder Kunden über ein Sachthema in Kenntnis. Typisch für den Beruf ist die Informationsrede bzw. Präsentation, wobei in letzterer insbesondere Medien wie PowerPoint-Folien, seltener Flipchart oder Overheadfolien eingesetzt werden. Besonderes Merkmal ist hier, dass eine Person über einen längeren Zeitraum die Rolle des Sprechers einnimmt und die anderen so lange in der Rolle der Zuhörer verweilen. Es finden kein Austausch bzw. zunächst kein Sprecherwechsel statt – mit Ausnahme von Zwischenrufen, nach denen aber der Sprecher seine Rolle wieder aufnimmt. Hierbei handelt es sich also nicht um ein Gespräch im klassischen Sinne. Wenn Sie sich tiefer in die Thematik des Präsentierens oder der Rederhetorik einarbeiten möchten, empfehle ich Ihnen:

Beadle, Matt: Präsentieren. Cornelsen 2008.
Malcomess, Hilde: Rhetorik – souverän und überzeugend reden. Cornelsen 2009.

1.2 Das Gespräch

Wir alle führen täglich die unterschiedlichsten Gespräche. Wir tauschen uns mit anderen aus, informieren, beraten, überzeugen und vieles mehr. Dieser Bereich der Kommunikation gehört zur Gesprächsrhetorik – er ist also klar abgegrenzt von der oben erwähnten Rederhetorik.

Warum führen wir Gespräche?

Wenn wir miteinander leben wollen, müssen wir Gespräche führen. Eine Gesellschaft zeichnet sich dadurch aus, dass ihre Mitglieder die Bedingungen ihrer Existenz und ihr weiteres Zusammenleben miteinander aushandeln – das erfolgt in Gesprächen, hierin liegt ein allgemeines Ziel. Eine solche Gesellschaft existiert natürlich auch im Kleinen, etwa in der Familie oder in einem Unternehmen. Gespräche ordnen folglich das Zusammenleben und machen es eigentlich erst möglich. Gesprächsführung ist deshalb eine der Basiskompetenzen, sie begegnet uns jeden Tag, ein Leben lang.

Minimalbedingungen für ein Gespräch

Ein Gespräch erkennen Sie an diesen Bedingungen:

→ Es wird von mindestens zwei Personen geführt. Da man Selbstgespräche mit einer Art zweitem Ich führt, zählen sie also auch dazu. Es muss immer einen Wechsel von Rede und Gegenrede geben, d. h. ein Sprecher äußert etwas, der andere reagiert darauf.

→ Es findet mündlich statt (inklusive Telefon).

→ Es hat eine Ausrichtung auf ein bestimmtes Thema.

Diese Definition bezieht auch die nonverbalen Elemente der Sprache mit ein, also Gestik und Mimik. So kann eine Reaktion auf eine Aussage auch ein Schulterzucken oder Naserümpfen sein.

Gesprächsarten – grundsätzliche Unterteilung in zwei Gruppen

Zum einen gibt es Gespräche, deren Ziel es ist, eher unverbindlich aus Höflichkeit oder Gewohnheit Kontakt aufzunehmen. Dies findet im Aufzug statt, in aller Kürze auf dem Gang, oder beim Bäcker nebenan. Bei solchen Gesprächen ist das Thema nicht so wichtig, der Schwerpunkt liegt darin, eine Beziehung herzustellen und die sozialen Normen der Höflichkeit einzuhalten. Um diese Art von Gesprächen soll es in diesem Kurs nicht gehen.

Bei der anderen Art von Gesprächen handelt es sich um solche, bei denen man sich mit jemandem über etwas verständigen will – hier steht die Sache oder die Person im Vordergrund. Es geht um

→ Gedanken,

→ Meinungen,

→ Probleme,

→ aber immer auch um Gefühle.

Diese Gespräche sind es, die eine komplexe Organisation zusammenhalten und die damit verbundenen Geschäftsprozesse koordinieren – mit ihnen werden Sie sich in diesem Kurs intensiv befassen. Gespräche mit dem Ziel der Verständigung kann man unterscheiden in solche der beruflichen Alltagskommunikation, die meist ohne Vorbereitung mit einem oder mehreren Gesprächspartnern geführt werden und solche, die vorbereitet werden und gezielt ablaufen.

Von der großen Zahl spezieller Gesprächsarten mit entsprechender Vorbereitung sind für den Beruf besonders das Mitarbeitergespräch und das Verkaufsgespräch relevant. Dies sind die Gespräche, die jede Mitarbeiterin und jeder Mitarbeiter mehr oder weniger regelmäßig mit ihren Vorgesetzten bzw. mit den (internen und externen) Kunden führen.

1.2.1 Das Mitarbeitergespräch

Mitarbeitergespräche sind Teil der betrieblichen Kommunikation. Diese ist „Lebens-nerv" eines jeden Unternehmens und außerdem ein unentbehrliches Führungsinst-rument. Leider sind sie oftmals auch ihr „Sorgenkind", hier werden die meisten Fehler gemacht und hier bestehen oftmals die größten Wissens- und Erfahrungslücken.

Ein Mitarbeitergespräch hat einige typische Merkmale:
Das Mitarbeitergespräch wird als vertrauliches Vier-Augen-Gespräch in der Regel von Vorgesetzten und Mitarbeitern gestaltet.
Wir verstehen unter Mitarbeitergesprächen ausdrücklich diejenigen, die gezielt und anlassbezogen geführt werden und also nicht zur alltäglichen Kommunikation zäh-len. Herausragend sind die turnusmäßigen, meist jährlichen Jahresgespräche, die oft auch als Zielvereinbarungsgespräch geführt werden. Weitere Mitarbeitergespräche werden unten noch differenziert.

Das Mitarbeitergespräch hat im Unterschied zu vielen anderen Gesprächen das Merk-mal der hierarchischen Distanz, derer man sich bewusst sein sollte.
Weder ein Vorgesetzter noch ein Mitarbeiter ist für den jeweils anderen ein Kollege oder gar Kumpel und sollte auch nicht als solches behandelt werden. Viele Vorgesetz-te hadern mit diesem Thema, insbesondere wenn sie vom ehemaligen Kollegen zum Vorsetzten dieser ernannt wurden. Die neue Rolle des Vorgesetzten braucht diese Art von Distanz, ansonsten haben weder Mitarbeiter noch Vorgesetzte Klarheit für ihren Umgang miteinander.

In Mitarbeitergesprächen kommt außerdem hierarchisch bedingte Macht ins Spiel, welche ein Gespräch maßgeblich beeinflusst.
Ein Vorgesetzter ist per Position mit mehr Macht und Befugnissen ausgestattet und jeder geht unterschiedlich damit um. Dies wirkt sich dann, neben diversen anderen Faktoren auf das Verhalten, Denken und Fühlen des Mitarbeiters und damit auch auf die gemeinsamen Gespräche aus. Mehr dazu lesen Sie im Abschnitt 3.2 Machtbalance in Gesprächen.

IM GEGENSATZ ZU BERUFLICHEN ALLTAGSGESPRÄCHEN WIRD DAS MITARBEITERGE-SPRÄCH VORBEREITET, ES IST GEPLANT UND STRUKTURIERT.

Die gute Vorbereitung (beider Beteiligter) hat dreierlei Auswirkung:
→ Der Mitarbeiter erhält Wertschätzung, da der Vorgesetzte sich im Vorfeld Zeit genommen hat, ein speziell auf ihn ausgerichtetes Gespräch zu führen.
→ Das Gespräch hat tatsächlich Ergebnisse und diese sind nicht willkürlich!
→ Vorgesetzte und Mitarbeiter können sich in Ruhe der Dinge aus der Vergan-genheit erinnern, um die sich Mitarbeitergespräche recht häufig drehen. Je-doch entsinnt sich kaum einer spontan dieser vergangenen Ereignisse ausrei-chend und korrekt. Mit Vorbereitung und Struktur kann das Gespräch fair und in Ruhe geführt werden.

Außerdem liegen die Themen des Mitarbeitergespräches außerhalb der Arbeitsroutine und ersetzt damit nicht anderen die anlassbezogenen Gespräche.

Verschiedene Arten von Mitarbeitergesprächen
Mitarbeitergespräche lassen sich in zwei Arten unterteilen – manche finden in einem regelmäßigen Turnus statt, andere nur zu konkreten Anlässen.

Zu den regelmäßigen Gesprächen gehören die sogenannten Jahresgespräche mit den Anlässen wie
→ Leistungsbeurteilung,
→ Personalentwicklung/Förderung oder
→ Zielvereinbarung bzw. -überprüfung.
Diese werden als Mitarbeitergespräche im eigentlichen Sinne bezeichnet.

Anlässe für besondere Gespräche ohne Regelmäßigkeit sind beispielsweise:
→ Vorstellung in einem Unternehmen als Bewerber
→ Einführung in einen neuen Arbeitsplatz beim Wechsel der Tätigkeit bzw. der Position und Abteilung
→ Ermahnung, z. B. aufgrund von Nichteinhalten von Zusagen, Alkohol, Drogen am Arbeitsplatz, Nichtbeachtung von Vorschriften und Unpünktlichkeit oder Probleme mit anderen Teammitgliedern. Eine Ermahnung kann in eine Abmahnung münden – aber hier verlassen wir das Terrain der Kommunikation; beachten Sie bitte unbedingt, dass hier auch arbeitsrechtliche Vorschriften greifen.
→ Rückkehr an einen Arbeitsplatz z. B. nach der Elternzeit oder einer längeren Krankheit
→ Verlassen des Unternehmens beim Übergang in die Rente oder Frührente
→ Entlassung aus unterschiedlichen Anlässen

Es existiert umfangreiche Literatur speziell zu den unterschiedlichen Arten von Mitarbeitergesprächen auf dem Markt, empfohlen sei Ihnen zum Beispiel:
Kießling-Sonntag, Jochem: Mitarbeitergespräche. Cornelsen 2008.

1.2.2 Das Verkaufsgespräch

„ES STIMMT NICHT, DASS ALLES TEURER WIRD; MAN MUSS NUR EINMAL VERSUCHEN, ETWAS ZU VERKAUFEN."

Robert Lembke, deutscher Journalist

Der Dreh- und Angelpunkt der Arbeitswelt ist das Kaufen bzw. Verkaufen von Waren und Dienstleistungen – zu diesem Zweck führen Menschen bekanntlich Verkaufsgespräche. Im beruflichen Kontext findet Verkaufen dabei über ein persönliches oder telefonisches Gespräch mit dem Kunden statt, dies oft mit der Besonderheit, dass dieser weder Ihre Produkte kennt noch anfangs zum Kaufen bereit ist. Natürlich gibt es solche Gespräche auch im privaten Umfeld, wie etwa beim Bäcker, der uns fragt, ob wir noch etwas Leckeres für die Kaffeezeit mitnehmen möchten oder ob es nicht eine praktische Idee wäre, mit halb fertig gebackenen Brötchen den Gang zum Bäcker am Wochenende zu ersparen, aber dennoch den Duft frischer Brötchen im Haus haben zu können. Diese Bäcker haben sich definitiv mit dem Thema Verkaufen befasst und festgestellt, dass mit gezielten, aber kurzen Gesprächen der Umsatz gesteigert werden kann.

Verkaufsgespräche wecken Bedarf oder sie steuern den Bedarf in eine bestimmte Richtung und formen eine Kaufentscheidung. Für erfolgreiche Verkaufsgespräche hilft vor allem eine gute Vorbereitung, insbesondere wenn es sich um einen neuen Kunden, neue Produkte, ein umfangreiches Budget oder besonders skeptische oder emotionale Zeitgenossen handelt.

Wie führen Sie ein gutes Verkaufsgespräch?

Allgemein ausgedrückt sollten Sie ...

→ genau den Bedarf Ihrer Kunden analysieren,

→ eine Beziehung zum Kunden aufbauen (ohne die Verkaufen nicht möglich ist),

→ unterschiedliche Persönlichkeitstendenzen (er)kennen und sich an diese flexibel anpassen,

→ Ihre Produkte und Dienstleistungen überzeugend und an den Kunden angepasst darstellen und darin

→ den Nutzen Ihrer Produkte für den Kunden darstellen (und nicht nur die Produkt-Merkmale),

→ Gesprächstechniken anwenden, um das Gespräch gezielt und kooperativ steuern zu können,

→ Phasen von Verhandlungen innerhalb eines Verkaufsgesprächs mit Strategie und Taktik begegnen.

In diesem Kurs erhalten Sie vor allem Informationen, Tipps und Übungsmöglichkeiten zu den Punkten Beziehungsgestaltung, Gesprächstechniken und Verhandlungsführung.

Diese Punkte sind solche, die unabhängig vom Produkt und der Branche in allen Verkaufsgesprächen unabdingbar sind und außerdem Schnittmengen zu anderen Gesprächsformen im beruflichen Alltag haben. So lernen Sie einerseits die Besonderheiten der Gesprächsart kennen, und merken andererseits, dass vieles in allen Arten von Gesprächen wiederzufinden ist. Sie müssen also nicht immer das Rad neu erfinden oder für jede Gesprächsart viele unterschiedliche Techniken kennen und anwenden – der Gedanke entspannt, oder? Wenn Sie auch hier einen tieferen Einblick in die Themen Verkauf und insbesondere Vertrieb bekommen möchten, empfehle ich Ihnen die Lektüre eines folgender Bücher:

Van Eckert, Heiko: Praxishandbuch Vertrieb. Cornelsen 2005.

Stoffel, Wolfgang: 99 Tipps für den erfolgreichen Verkauf (2. Auflage). Cornelsen 2008.

1.3 Verkaufsgespräche der besonderen Art – die Verhandlung

Jeder Mensch verhandelt, nahezu täglich – mal im Großen, mal im Kleinen. Beispiele privater alltäglicher Verhandlungen, zweifellos von unterschiedlicher Tragweite sind:

→ Wer fährt nach der Party nach Hause und wer kann etwas trinken?
→ Geht die nächste Urlaubsreise wieder drei Wochen nach Holland oder doch endlich nach New York?
→ Soll ein Flachbildschirm-Fernseher oder ein neuer Kühlschrank vom Gesparten angeschafft werden?
→ Sollen wir unser Kind taufen lassen oder es später selbst entscheiden lassen?

All dies sind Verhandlungen, mal eher oberflächlich, mal tiefer gehend. Immer wenn es darum geht, dass zwei Parteien, die zunächst nicht gleicher Ansicht sind, sich einigen wollen oder müssen, haben wir es mit einer Verhandlung zu tun. Nun fallen Ihnen sicherlich noch mehr eigene Beispiele ein, mit Ihren Kindern, Handwerkern oder Ihrem Vermieter ...

Beruflich müssen wir uns z. B. mit Kollegen über die Aufteilung unserer Arbeit, einen bestimmten Sitzplatz im neuen Büro oder individuelle Pausenzeiten einig werden. Diese Verhandlungen könnte man als „alltägliche" Verhandlungen bezeichnen, in denen der Verhandlungsgegenstand häufig wechselt.

Spezielle Arten der Verhandlung sind die um das Gehalt mit den Vorgesetzten und solche mit Kunden, wenn es um den Verkauf von Waren und Dienstleistungen geht. Die Verhandlung kann also Teil eines Verkaufsgespräches sein, sie muss es allerdings nicht.

Dieser Kurs klärt die Besonderheiten der drei erwähnten Verhandlungsarten:

→ allgemeine Verhandlung
→ Gehaltsverhandlung
→ Verkaufsverhandlung

Sie erfahren, wie Sie sich auf eine Verhandlung vorbereiten, welche Besonderheiten die einzelnen Phasen einer Verhandlung haben und welche Taktiken und Strategien Sie auf dem Wege zur Vereinbarung anwenden können.

1.4 Übungen „Kommunikationssituationen"

→ Übung 1

Schulen Sie zunächst Ihre Beobachtungsgabe ohne bereits tiefer in das Thema Verhandlung eingestiegen zu sein. Beobachten Sie dazu Gespräche im beruflichen und privaten Alltag und ordnen Sie sie ein:

? *Handelt es sich um eine Verhandlung? Wenn ja, woran machen Sie das fest?*

? *Welche Kriterien einer Verhandlung können Sie erkennen?*

? *Machen Sie eine erste Einschätzung zur Verhandlung – wurde hart in der Sache, aber fair verhandelt?*

? *Waren es eher Verhandlungspartner oder -gegner?*

? *Wurde taktiert und wenn ja, wie?*

Lösungen zu diesen Fragen lassen sich natürlich nicht generell angeben, aber Näheres zur Verhandlung erfahren Sie später im Kapitel 6.

→ Übung 2

Gibt es in Ihrem Unternehmen Leitfäden zur Vorbereitung von Gesprächen? Häufig ist das der Fall, aber leider nicht immer bekannt. Wenn Sie es also nicht wissen – finden Sie es heraus.

? *Welche Leitfäden gibt es? Wenn Sie keine gefunden haben, fragen Sie einmal nach, warum es diese nicht für Mitarbeiter gibt – z.B. bei Ihren Vorgesetzten oder in der Personalabteilung.*

? *Kannten Sie diese Leitfäden und haben Sie sie bereits zur Vorbereitung benutzt?*

? *Wenn nicht, warum war das so?*

? *Sehen Sie Verbesserungsbedarf bei den Gesprächsleitfäden?*

Lösungen zu diesen Fragen lassen sich natürlich nicht generell angeben, aber Näheres zur Verhandlung erfahren Sie später im Kapitel 6.

2 Grundlagen der Kommunikation

„JE SELBSTVERSTÄNDLICHER EINE SACHE ERSCHEINT, UMSO OBERFLÄCHLICHER ODER SELTENER BEFASST MAN SICH DAMIT."

Ist Ihnen dieser Gedanke auch schon einmal in den Sinn gekommen? Bezogen auf die Kommunikation erlebe ich es häufig, dass Gesprächsführung mit dem Satz „Jeder kann doch sprechen" als selbstverständlich und oberflächlich abgetan wird. Viele Menschen sind sich der kleinen, aber fundamentalen Grundlagen der zwischenmenschlichen Kommunikation nicht bewusst. Kommunizieren gilt als einmal gelernt und schwer veränderbar, ein fataler Denkfehler! Wenige hinterfragen ihre Art zu kommunizieren tatsächlich oder machen sich Gedanken über die Wirkung dessen was und wie sie etwas sagen. O.k., dass hier und da mal etwas nicht ganz reibungslos läuft ist ja normal, aber deshalb direkt ein ganzes Buch dazu durchwälzen? Mhhh, bleiben Sie neugierig, was schon die Grundlagen der Gesprächsführung für Ihren beruflichen Alltag zu bieten haben ...

Wie funktioniert Kommunikation?

2.1 Das Sender-Empfängermodell

Im alltäglichen Umgang genügt zunächst ein relativ einfaches Modell um zu verdeutlichen, wie wir miteinander kommunizieren und wie Gespräche funktionieren.

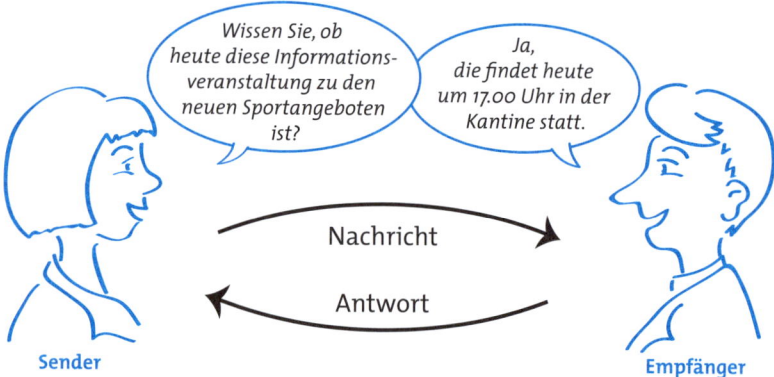

Jemand sendet also eine Nachricht, in diesem Fall stellt die Kollegin dem Kollegen eine Frage. Dieser empfängt und beantwortet die Frage wiederum. Dieses Grundmodell reicht für viele Kommunikationssituationen erst einmal aus, vor allem wenn der Austausch nach folgendem Prinzip verläuft:

→ *„Haben Sie schon nach dem Aufzug gedrückt?" – „Ja, leider ist die Anzeige kaputt und man kann es nicht erkennen." – „Oh, danke für den Hinweis!"*

→ *„Tolles Wetter heute!" – „Stimmt, da hat man doch morgens schon gute Laune." – „Ja, finde ich auch ..."*

→ *„Mann, hab ich einen Hunger!" – „Mir geht es genauso. Hast du etwas zu Essen dabei oder begleitest du mich in die Kantine?" – „Nein, heute habe ich nichts dabei, ich komme gerne mit ..."*

Diese Kurz-Dialoge laufen so wie man es erwartet: Auf eine sachliche Frage folgt eine passende Antwort, eine anknüpfende Frage oder ein Kommentar. Diese werden wiederum wie erwartet kommentiert. Wenn doch nur alle Gespräche, ob beruflich oder privat, kurz oder lang, mit der Chefin oder dem Kollegen so verlaufen würden! Nun, vielleicht wäre das auch etwas langweilig ...

Was ist also passiert, wenn der Empfänger so reagiert, wie im folgenden Dialog?
Sender: *„Haben Sie schon nach dem Aufzug gedrückt?"*
Empfänger: *„Sind Sie nicht fähig, eine einfache Taste zu drücken? Lassen Sie immer andere Ihre Arbeit machen?"*

Dieser Kurz-Dialog ist im Gegensatz zu den anderen Beispielen eindeutig von Missstimmung geprägt und man kann sich ausmalen, wie dieses kurze Gespräch weiter verlaufen wird. Offenbar wurde hier beim Empfänger der Frage etwas ausgelöst, was gar nicht in der Absicht des Senders lag. Beim Empfänger scheint aber etwas anderes angekommen zu sein.

Für gewöhnlich gehen wir davon aus, dass das, was wir sagen, beim Empfänger auch so ankommt. Dies ist aber keineswegs immer der Fall, wie Sie aus vielen eigenen Beispielen mit Sicherheit vielfach erfahren haben. Aufgrund dieser Erfahrung ist es hilfreich, den wichtigen Grundsatz der Kommunikation zu bedenken:

„GESAGT IST NICHT GLEICH VERSTANDEN."

Das Sender-Empfänger-Modell verdeutlicht insgesamt drei wichtige Grundthesen für die Gesprächsführung:

1 Eine Botschaft ist immer subjektiv.
Wir nehmen oft an, dass Nachrichten „einfach so" ausgetauscht werden, vergessen dabei jedoch, dass jeder seine komplette individuelle „Geschichte" mit in den Dialog bringt. Zu dieser Geschichte gehören unsere Vorstellungen, Erfahrungen, Gefühle, Werte usw. Jede Botschaft ist damit im höchsten Maße subjektiv, es treffen immer mindestens zwei Welten aufeinander, die ihr Miteinander aushandeln müssen. Je mehr Personen an einem Gespräch beteiligt sind, umso mehr Welten müssen miteinander abgestimmt werden.

2. Jede Botschaft wird immer selektiv wahrgenommen.
Wenn wir miteinander reden, strömen immer weitaus mehr Informationen auf den Empfänger ein, als dieser im Moment aufnehmen und verarbeiten kann. Von den vielen Informationen nehmen wir also nur einen bestimmten Teil wahr, wir selektieren ständig in der Kommunikation. Außerdem liegt es in der Natur der Dinge, dass wir

Informationen, in diesem Fall eine Aussage, schnell bewerten, weil wir sie als gut oder schlecht, positiv oder negativ, bedrohend oder harmlos einsortieren müssen. Wir brauchen diese Art von Bewertung zum Überleben und um in der Welt klarzukommen. Hinzu kommt, dass wir uns in der Regel auch immer unmittelbar an selbst Erlebtes erinnern – auch die damit verbundenen Gefühle kommen sehr schnell wieder hoch. Damit verändern wir das Gesagte und färben es nach unserer Sicht der Welt und unseren Erfahrungen ein. Gleiches gilt natürlich, wenn wir Nachrichten senden. Missverständnisse und Konflikte sind damit gleichsam vorprogrammiert ...

Mit dieser Erkenntnis lässt sich das einfache Sender-Empfänger-Modell erweitern.

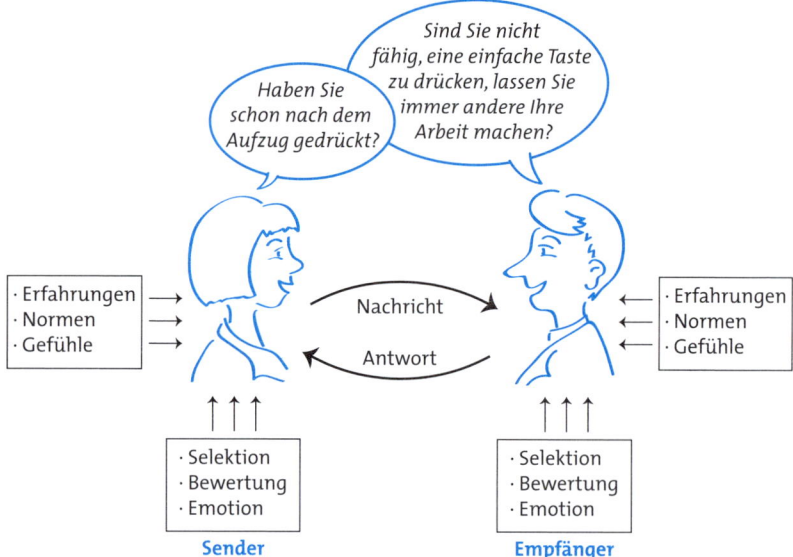

3. Unsere Kommunikation läuft nahezu unsichtbar im Kopf ab.

Die erwähnten Missverständnisse und Verwirrungen in Gesprächen haben ihren Ursprung darin, dass die Vorgänge wie Selektion von Informationen, subjektive Bewertung und aufkommende Emotionen im Wesentlichen in uns ablaufen, ohne dass unser Gesprächspartner viel davon mitbekommt. Ist dessen Wahrnehmung gut geschult, lassen Körpersprache und Stimmführung auf einiges schließen aber

→ erstens sind die meisten Menschen seltener in dieser differenzierten Wahrnehmung ausgebildet und

→ zweitens ist auch non-verbale Kommunikation niemals eindeutig. Sie muss immer im Bezug auf die Situation gesehen werden und selbst dann ist noch Deutungsspielraum vorhanden.

Hörbar für den Empfänger ist nur eine Formulierung, inklusive des Tonfalls. Was allerdings in der Person tatsächlich ablief, die im obigen Beispiel so unerwartet geantwortet hat, lässt sich mit bloßem Auge und gutem Gehör sicherlich nicht vollständig erkennen. Zumindest kann man festhalten, dass die Frage in der Innenwelt des Empfängers etwas Unvorhergesehenes ausgelöst hat, was der Sender weder beabsichtigt noch erwartet hatte.

2.2 Weitere Grundannahmen der Kommunikation

Die ersten drei Thesen zeigen, dass Kommunikation und damit Gespräche alles andere als eindeutig und objektiv deutbar sind.

Paul Watzlawik, ein österreichischer Psychotherapeut, Kommunikationswissenschaftler, Soziologe und Autor, hat weitere Grundannahmen über das Gelingen und über Störungen in der Kommunikation formuliert. Obwohl es sich bei den Thesen um Kommunikationstheorie handelt, sind diese unmittelbar anwendbar, wenn Sie sie in Ihren Gesprächen im Hinterkopf haben.

Seine wichtigsten Grundannahmen lauten:

These I: Wahr ist nicht das, was gesagt wird, sondern was ankommt!

Betrachten Sie einmal folgende Situation, kommt sie Ihnen vom Prinzip her bekannt vor?
Sender: *„Ich hatte einen fantastischen Urlaub in einer unglaublichen Landschaft."* Dabei sieht der Empfänger noch einmal das wunderbare Alpenpanorama vor seinem geistigen Auge.
Empfänger: *„Ah, schön und vermutlich abenteuerlich."* Er denkt dabei an eine Oase in der Wüste bei Sonnenuntergang ...

Was bedeutet also die erste These? Wir neigen dazu anzunehmen, dass das, was wir gesagt haben, beim anderen auch genauso angekommen ist. Deshalb sind wir umso erstaunter über eine unerwartete Reaktion des Empfängers. Spannend wird es dann, wenn als Reaktion auf eine Nachricht keine Worte, sondern nur Non-Verbales folgt. Wir wissen nicht wirklich genau, was vom Gesagten wie angekommen ist, haken aber häufig auch nicht nach. Dies ist schon der Beginn möglicher Missverständnisse, die einfach nicht explizit ausgesprochen wurden.

> KOMMUNIKATION IST ERST DANN ERFOLGREICH, WENN SIE ALS SENDER SICHERSTELLEN, DASS IHRE BOTSCHAFT BEIM EMPFÄNGER ANGEKOMMEN IST. UND ZWAR SO WIE SIE ES AUCH GEMEINT HABEN.

Dies ist fundamental z.B. in der Kundenberatung und in Mitarbeitergesprächen. Wie genau Sie dies sicherstellen können, erfahren Sie im Kapitel 4.3 (aktives Zuhören)!

These II: Man kann nicht nicht kommunizieren!

Ja, Sie haben richtig gelesen – ein Doppeltes nicht! Diese These bedeutet: Was wir in Anwesenheit anderer auch tun, wir senden unserem Gegenüber immer und (oft) ungewollt etwas von uns selbst mit. Es ist nicht möglich, dies zu verhindern. Selbst wenn Sie schweigen oder ein Pokerface aufsetzen, sagt dies etwas über Sie aus. Durch Mimik, Gestik und Körperhaltung geben wir kommunikativ eine Menge über uns preis.

→ **Praxis**tipp:

Für gelungene Kommunikation ist es wichtig, dass Sie sich mit der Sprache des Körpers und der Wahrnehmung der Körpersprache näher beschäftigen! Die non-verbale Kommunikation macht über 50 % Ihrer Wirkung in Gesprächen aus, lassen Sie dieses Potenzial nicht ungenutzt verpuffen!

Sie möchten mehr dazu erfahren? Hier sind Lesetipps zum Thema:
Ruch, Norman: Körpersprache. Cornelsen 2009.
Brunsing, Annette: Wirkungsvoll sprechen. Cornelsen 2009.
Aich, Joachim: Erfolgsgeheimnis Stimme. Cornelsen 2009.

These III: Die Beziehung steuert die Sache, nicht umgekehrt!

In Gesprächen geht es ja (zunächst) um eine Sache oder ein Thema. Sie erinnern sich an die ersten Kurzdialoge oben? Jemand fragt nach dem Aufzug, ein anderer antwortet sachlich, dass die Anzeige kaputt und der Rufknopf schon gedrückt sei. Hier geht es also um das Thema „Aufzug rufen" und mehr scheint in diesem Dialog eigentlich nicht im Vordergrund zu stehen. Das ist solange der Fall, wie die Verständigung funktioniert und jeder so reagiert, wie der andere es erwartet hat. Ist dies nicht der Fall und kommen Missstimmungen und Missverständnisse hinzu, finden diese kommunikativ nicht mehr auf der gleichen Ebene statt wie der Informationsaustausch.

Mit anderen Worten: Kommunikation hat immer zwei Ebenen:
  → die Inhaltsebene und
  → die Beziehungsebene.

Bei der Inhaltsebene geht es ja um die Übermittlung von Informationen bzw. um das Thema. Der Beziehungsaspekt drückt aus, wie die beiden Gesprächspartner zueinander stehen, wie ihre Beziehung zueinander ist und wie sie diese zum Ausdruck bringen. Der Beziehungsaspekt in der Kommunikation informiert auch darüber, wie genau der Inhalt zu verstehen ist.

Anhand des misslungenen Aufzugdialoges wird deutlich: ohne gute Beziehung kann keine erfolgreiche Kommunikation auf der Inhaltsebene stattfinden – das Gespräch wird „schwierig" oder bricht sogar ab. Aber in unserer eher rational denkenden Arbeitswelt wird die Beziehung nach wie vor eher ausgeklammert, obwohl sie für die inhaltliche Arbeit viel wichtiger ist.

WER SICH NICHT VERSTEHT, SICH „NICHT GRÜN IST", GEGENÜBER SEINEM GESPRÄCHS-PARTNER KEIN WOHLWOLLEN EMPFINDET, KANN KAUM ERFOLGREICHE GESPRÄCHE FÜHREN. SCHENKEN SIE DESHALB DER BEZIEHUNGSSEITE IM ALLTAG MEHR AUFMERK-SAMKEIT – INSBESONDERE, WENN SIE SIE BISHER EHER AUSGEKLAMMERT HABEN.

In diesem Kurs wird dieses Thema immer wieder aufgegriffen und tiefer beleuchtet ...

Wir legen unser kommunikatives Verhalten als Reaktion auf das Verhalten des anderen aus. Damit geben wir dem anderen die „Schuld" für den Verlauf der Kommunikation bzw. die Art der Beziehung. Dieses Kommunikationsspiel bleibt stabil mittels stereotyper Kommunikationsmuster, den sogenannten Interpunktionen.

Ein Beispiel für diesen Grundsatz

Ein Vorgesetzter traut seinen Mitarbeitern nicht viel zu und delegiert kaum Aufgaben, weil sie so wenig engagiert und interessiert wirken. Dann erledigt er die Aufgaben doch lieber selbst, eh noch etwas schief läuft.

Die Mitarbeiter hingegen sind so uninteressiert, missmutig und wenig engagiert, weil ihr Chef ihnen so wenig zutraut. Er macht ja ohnehin fast alles selbst, die Mitarbeiter sind ihm ja offensichtlich nicht gut genug.

Welches Prinzip bzw. „Denke" steckt dahinter?

Das eine Verhalten bedingt das andere und bildet einen fortwährenden Kreislauf von Kommunikationsmustern, die solange anhalten, wie keiner diese hinterfragt. Gerade in längerer Beziehung, egal ob privat oder beruflich, entwickelt sich leicht ein solches Beziehungsmuster.

Weitere Beispiele aus dem beruflichen Umfeld

→ *„Weil du immer das Meeting vorbereitest, macht kein anderer aus dem Team etwas." Reaktion: „Weil ihr nie etwas vorbereitet, muss ich es ja immer tun."*

→ *„Weil du dich immer sofort wahnsinnig aufregst, wenn man dich mal kritisiert, sage ich schon gar nichts mehr, wenn mir was nicht passt." Reaktion: „Weil du nichts sagst und ich damit nicht umgehen kann, rege ich mich immer so sehr auf, weil ich nicht weiß ob was mit dir los ist."*

> Die Beteiligten sehen sich hierbei nicht als Teile einer Kette, sondern nur als Reagierende auf die Aussage des Vorgängers. Die Lösung kann nur durch sogenannte Metakommunikation, also das Reden darüber wie man miteinander redet, gelöst werden!

Menschliche Kommunikation gestaltet sich digital und analog.
Dieser Grundsatz beschäftigt sich mit der Wirkung von bestimmter Sprache.

Digitale Kommunikation hat einen eher komplexen Satzbau und ist schwerer zu verstehen. Allerdings ist sie logischer und präziser und wird deshalb gerne in Gesetzestexten und in der Verwaltung bzw. in Behörden verwendet. Man bezeichnet sie auch als formalisierte Sprache, die zwar eine differenzierte Struktur hat aber auch ein eingeschränktes Potenzial im emotionalen Ausdruck. Alles klar? Oder war das schon etwas zu digital? Diese Sprache ist hilfreich bei sachlicher Vermittlung von Informationen, in der Emotionen nicht notwendig erscheinen. Leider ist diese Kommunikation auf den ersten Blick oder „Hinhörer" eher unverständlich. Das liegt am komplexen Satzbau und dem geringen Einsatz von Verben. Man kann sich auch gut hinter ihr verstecken!

Analoge Kommunikation hingegen ist leichter zu verstehen und emotionaler geprägt, man kann mit den Worten etwas verbinden und einen Bezug zum Gesagten aufbauen. Sie ist dann gefragt, wenn Beziehungen und Gefühle zum Ausdruck kommen und betont werden sollen. Allerdings ist sie häufig weniger präzise, weniger logisch und eindeutig – sie besitzt also „Deutungspotenzial".

Auf den Beruf bezogen könnte man die beiden Kommunikationsarten bestimmten Berufsbildern zuordnen, beispielsweise Controller (digital) versus Marketing (analog).

→ Praxistipp:

Je nachdem, was Sie beim Zuhörer bzw. Empfänger auslösen möchten, sollten Sie gezielt die digitale oder analoge Kommunikationsart auswählen bzw. mischen. Die Zielgruppe und Situation entscheiden über die Wahl, nicht Ihr übliches Muster.

Dies ist insbesondere wichtig, wenn Sie sich beruflich in einer digitalen Welt befinden (Behörde, Technik) aber andere von etwas überzeugen müssen oder Laien einen technischen Sachverhalt näher bringen wollen.

> **Beispiel**
>
> Insbesondere in Konzernen und Behörden ist eine digitale bzw. formalisierte Form der Sprache anzutreffen, deren Ziel die Versachlichung der Inhalte und die Distanzierung der betroffenen Personen zum Thema und dem Gesprächspartnern ist.

Ich hoffe, Sie bemerken, dass diese Art zu schreiben und insbesondere zu sprechen für Gespräche wenig geeignet ist, und das hat folgende Gründe:

→ Ein langer Satz ist inhaltlich schwer nachzuvollziehen.

→ Die vielen Substantive im Satz machen es schwer, in Kontakt mit dem Gesagten zu treten. Viele Menschen brauchen eine Sprache, die beweglich und aktiv ist, um im wahrsten Sinne begreifen zu können, was ihr Gegenüber gemeint hat. Dies erreichen Sie auch, indem Sie das Gesagte durch geeignete Adjektive lebendig machen.

→ Die mit dieser Ausdrucksart aufgebaute Distanz zum Gesprächspartner wird förmlich spürbar. Distanz ist jedoch die denkbar schlechteste Einstellung für erfolgreiche Gespräche, in denen die Gesprächspartner wertschätzend miteinander umgehen, um ein gutes Ergebnis für alle zu erzielen.

→ *Praxis*tipp:

! *Bilden Sie in Gesprächen möglichst kurze Sätze.*

! *Trennen Sie Nebensätze und Hauptsätze durch Ihre Stimmführung voneinander, also z. B. durch Heben und Senken Ihrer Stimme und durch Pausen.*

! *Verwenden Sie unbedingt Verben und Adjektive in Ihren Sätzen und lassen Sie Ihre Aussagen damit lebendig und nachvollziehbar werden.*

! *Machen Sie sich zum Ziel, in* **echten** *Kontakt mit Ihren Gesprächspartnern treten zu wollen, auch und gerade mit solchen, die Ihnen nicht so lieb oder sympathisch sind.*

2.3   Warum Gespräche scheitern

Gespräche können auf drei Ebenen scheitern, zwei davon sind Ihnen als Sach- und Beziehungsaspekt bereits über die Grundannahmen Paul Watzlawiks bekannt. Man könnte diese beiden Aspekte auch einfach als Thema und Emotionen bezeichnen. Der dritte Aspekt ist der der Verantwortlichkeit in Gesprächen. Diese Verantwortlichkeit für das Geschehen im Gespräch schiebt der eine dem anderem „gerne" zu, obwohl eigentlich alle daran beteiligt sind bzw. waren.

Was genau heißt das?

Den Aspekt der Verantwortlichkeit verdeutlicht Ihnen ein Beispielgespräch.

Folgendes Gespräch findet zwischen einer Vorgesetzten, Frau Warenstein (kurz: W.) und ihrer Mitarbeiterin, Frau Schneider (kurz: S.) statt:

	Tonfall	Worte	Kommentar
S. (klopft an)	Lieb	„Guten Morgen Frau Warenstein, haben Sie mal fünf Minuten?"	Leicht unterwürfige Bitte um ein Gespräch
W.	Leicht seufzend	„Ach, hallo Frau Schneider, kommen Sie doch rein. Setzen Sie sich, ich bin gleich bei Ihnen."	Auf dem Schreibtisch stapeln sich Unterlagen, die sie sichtet und in Ablagekörbchen sortiert
S. (nimmt am Besprechungstisch Platz)	Lieb und zögernd	„Frau Warenstein, ich wollte mit Ihnen noch einmal über meine Weiterbildung sprechen, da ist noch etwas, dass ..."	Nicht eindeutige Erklärung/leichte Rechtfertigung für den ungeplanten Gesprächswunsch
W.	Leicht genervt	„Das wollten wir doch am Freitag machen, da haben wir doch einen Gesprächstermin um 15.00 Uhr."	Bleibt am Schreibtisch sitzen, als sie den Anlass erfährt
S.	Leicht weinerlich	„Ja, aber bis dahin ist die Anmeldefrist für das Kommunikationsseminar abgelaufen, das ich besuchen wollte und deshalb dachte ich ..."	Rechtfertigung
W.	Betont korrekt	„Wie Sie wissen, habe ich den Katalog mit den Weiterbildungs-Angeboten erst gestern Nachmittag erhalten und noch keine Gelegenheit gehabt, diese zu sichten. Schließlich haben Sie mir das pdf ja per Mail zugeschickt. Ich kann doch nichts genehmigen, was ich nicht auf den Inhalt und die Qualität hin überprüft habe, schließlich leite ich doch die Personalentwicklung."	Ungeschickt kaschierter Vorwurf
S.	Beherrscht mühsam ihre Verzweiflung	„Das stimmt, aber Sie haben bis Freitag noch so viele Termine, das schaffen Sie doch gar nicht und dann ist die Frist abgelaufen ..."	Ungeschickt formulierte Kritik aus Angst

W.	Barsch	„Was ich schaffe bis Freitag und was nicht, lassen Sie mal schön meine Sorgen sein. Wie kommen Sie dazu, meine Arbeit zu beurteilen?"	Vom Thema ablenkend und vorwurfsvoll
S.	Insistierend	„Das war nicht meine Absicht, ich wollte nur, dass Sie mir am Freitag nicht sagen, dass ich Ihnen das mit der Frist auch hätte früher erzählen sollen!"	Vorwurf mit dem Ziel der eigenen Rechtfertigung
W.	Auffahrend	„Das hat doch auch noch Zeit bis morgen, Sie sehen doch, dass ich hier eine Menge Arbeit zu erledigen habe. Bis dahin ist Ihre Frist ja wohl noch nicht abgelaufen, oder?"	Lenkt ab, weil sie keine Entscheidung fällen will und sich ertappt fühlt
S.	Beschwichtigend	„Frau Warenstein, bitte, die haben nur 10 Plätze und einer ist laut Internet noch frei. Das muss so schnell wie möglich geklärt werden."	Verstärkt den Vorwurf und übt Druck aus
W.	Ungehalten	„Ist mir auch klar. Aber nicht jetzt, sprechen Sie mich morgen in einer ruhigen Minute noch mal an, Sie kennen ja meine Termine."	Übt der Position gemäße Macht aus

Ich denke, auch Sie würden dieses Gespräch als gescheitert ansehen. Ist Ihnen die Struktur bekannt vorgekommen? Es ist auf jeden Fall aus Frau Schneiders Sicht nicht erfolgreich verlaufen, Frau Warenstein wird auch nicht wirklich zufrieden sein.
Aber was ist nun eigentlich wirklich passiert, wie ist das Gespräch gescheitert und was hätten beide für ein gelungenes Gespräch tun oder auch vermeiden können? Was genau heißt „scheitern" in diesem Zusammenhang?

Betrachten Sie zunächst die Sache
Worum ging es hier eigentlich überhaupt? Was war das Thema, der sachliche Aspekt des Gesprächs?

Frau Schneider hat von ihrer Chefin eine Weiterbildung zum Thema Kommunikation zugesagt bekommen und sich aus dem aktuellen Katalog ein Seminar herausgesucht. Dieses Seminar hat nur noch einen freien Platz und die Anmeldefrist läuft in ein paar Tagen ab. Ob es o.k. war, dass sie sich das Seminar selbst herausgesucht hat, lässt sich aus dem Gespräch nicht klar erkennen. Frau Warenstein sagt, dass sie den Inhalt des Seminars noch nicht gelesen und es noch nicht insgesamt beurteilt hat, dies aber aus ihrer Position heraus für nötig hält. Ob dies tatsächlich der Fall ist oder sie es aus taktischen Gründen sagt, lässt sich auch nicht erkennen. Es könnte sein, dass sie es nur sagt, weil sie sich als die hierarchisch höhere Person nicht sagen lassen möchte, wann sie etwas zu tun hat und deshalb prinzipiell von ihrer Macht Gebrauch macht.

Am Ende wurde weder befriedigend geklärt, ob Frau Schneider das Seminar hätte heraussuchen sollen, noch ob und wenn ja, wann sie sich anmelden kann. Das einzige Ergebnis ist, dass am Folgetag das Thema noch einmal aufgegriffen werden soll, wenn ein Zeitfenster zur Verfügung steht.

Das Gespräch scheitert also zunächst auf der Sachebene – eine Weiterbildung wurde zugesagt, aber es kommt weder zu einer Klärung des Problems der Anmeldefrist (zu der es ja auch eine andere Lösung hätte geben können, z. B. einen Anruf beim Seminaranbieter) noch zur Lösung, wann und wie das Thema insgesamt angegangen werden soll.

> *EIN GESPRÄCH ÜBER EIN THEMA IST DANN GESCHEITERT, WENN ES NICHT ZU EINER GEMEINSAMEN KLÄRUNG ODER WENIGSTENS ZU EINER ANNÄHERUNG AN EINE LÖSUNG FÜR DIE GESPRÄCHSPARTNER GEFÜHRT HAT.*

Wie hätte es sein müssen, damit man das Gespräch auf der Sachebene als gelungen bezeichnen könnte? Folgende Ergebnisse wären sicherlich ein Erfolg:

→ Eine klare Entscheidung darüber, wann die Chefin sich das Seminar genauer ansieht, bevor die Anmeldefrist abgelaufen ist bzw.

→ eine gemeinsame alternative Lösung, die es möglicherweise überflüssig macht, noch am gleichen Tag eine Entscheidung fällen zu müssen. Dazu könnte Frau Schneider vorab den Seminaranbieter anrufen und den tatsächlichen aktuellen Stand der Dinge erfragen.

Aber dieses Gespräch scheitert auch auf der zweiten Ebene, der der Beziehung. Hier geht es um die Gefühle der beiden Frauen – weder Frau Schneider noch Frau Warenstein werden sich nach dem Gespräch besonders wohl gefühlt haben. Es liegt auf der Hand, dass beide auch noch einige Zeit nach dem Gespräch wütend oder enttäuscht und übereinander ärgerlich waren. Frau Schneider wird sich zusätzlich ohnmächtig gefühlt haben, den Launen und der (Entscheidungs-)Macht ihrer Chefin ausgeliefert. Vielleicht war sie auch ängstlich, nun gar kein Seminar mehr genehmigt zu bekommen und hat sich schuldig gefühlt, dass das Gespräch so unerfreulich gelaufen ist. Gleiches gilt für Frau Warenstein, die sicherlich auch Mitschuld am Verlauf des Gespräches erkennen wird.

> *EIN GESPRÄCH ÜBER DIE GEFÜHLE BZW. AUF DER BEZIEHUNGSEBENE IST DANN GESCHEITERT, WENN DIE GESPRÄCHSPARTNER SICH WÄHREND UND /ODER NACH DEM GESPRÄCH UNWOHL FÜHLEN, WODURCH IHRE BEZIEHUNG BEEINTRÄCHTIGT WIRD.*

Diese unguten Gefühle sind in diesem Gespräch auch dadurch entstanden, dass Frau Schneider sich stimmlich meistens unterwürfig verhält und klein macht – sie entwertet sich selbst. Außerdem werten sich beide Frauen mit ihren Vorwürfen gegenseitig ab.

Das Augenmerk darauf zu richten, wie alle Beteiligten sich im Gespräch gut fühlen können bzw. sich der Auswirkungen der eigenen kommunikativen Handlungen auf der Beziehungsebene bewusst zu werden, führt zu erfolgreichen Gesprächen auf dieser Ebene.

Das Gespräch scheitert schließlich auch auf der Ebene der Verantwortlichkeit – der dritten Ebene in Gesprächen. Beide Frauen schieben die Verantwortung mehr oder weniger eindeutig von sich und der anderen zu – durch Kritik und Vorwürfe an der jeweils anderen („*Das schaffen Sie doch gar nicht*", „*Wie ich arbeite lassen Sie mal meine Sorge sein*"). Dies geschieht auch durch die Unsicherheit Frau Schneiders, eine klare Aussage machen zu wollen, was sie genau von ihrer Chefin möchte und zwar in diesem Moment. Auch Frau Warenstein könnte klarer ansprechen, dass es ihr gerade nicht passt, oder mit ihrer Mitarbeiterin eine alternative Lösung entwickeln. Welche Ziele könnten die beiden verfolgen?

Die Ziele könnten sein:
- → An genau diesem Seminar teilzunehmen, um so zeitnah „besser" und sicherer zu kommunizieren (Frau Schneider) und
- → in Ruhe den Stapel Papiere bearbeiten können und der Führungsaufgabe nachkommen, Mitarbeiter zu unterstützen und ein offenes Ohr für sie zu haben – auch mal ungeplant (Frau Warenstein).

Niemand hat also in Gesprächen etwas davon, dem anderen die Verantwortung zuzuschieben – letztendlich entzieht man sich der Möglichkeit, die Situation aktiv im eigenen Sinne zu gestalten und seine Ziele zu erreichen. Probleme werden lediglich vertagt statt gelöst und erzeugen bei den Beteiligten schlechte Stimmung.

EIN GESPRÄCH IST AUF DER EBENE DER VERANTWORTUNG DANN GESCHEITERT, WENN DIE GESPRÄCHSPARTNER SICH (AUSDRÜCKLICH ODER AUCH OHNE ES ANZUSPRECHEN UND SICH DESSEN BEWUSST ZU SEIN) DEM ANDEREN DIE VERANTWORTUNG FÜR DAS GESCHEHENE ÜBERTRAGEN, AN DEM ABER MEHRERE BETEILIGT SIND.

Notwendige Voraussetzung für das Gelingen von Gesprächen ist also, dass alle Beteiligten die volle Verantwortung für ihr eigenes Handeln übernehmen, und im gleichen Maße ablehnen, von anderen für etwas verantwortlich gemacht zu werden, das nicht in der eigenen Entscheidungskompetenz liegt. Frau Schneider hat in diesem Fall nicht klargemacht, dass sie nicht die Kompetenz hat, sich anzumelden, ihr aber die Weiterbildung bereits zugesagt wurde (und sicherlich auch betriebsbedingt zusteht). So gesehen war ihre Bitte zu diesem Zeitpunkt sicherlich berechtigt, lediglich die Art könnte optimaler sein.

Wie könnte nun ein gelungenes Gespräch aussehen, das die drei Ebenen Sache, Beziehung und Verantwortung angemessen mit einbezieht? Nutzen Sie Ihr bisheriges Wissen dazu, selbst eine Lösung zu entwickeln – in den Übungen zu diesem Kapitel ...

2.4 Übungen „Grundlagen der Kommunikation"

→ Übung 3

Welche der folgenden Formulierungen gehören eher zu der digitalen Form und welche zur analogen? Notieren Sie jeweils die Buchstaben d oder a.

A: *Die Analyse hat ergeben, dass der Deckungsbeitrag durch die Fixkosten erheblich beeinträchtig wird.*

B: *Ich bin in dieser Angelegenheit zwiegespalten. Mein Herz schlägt für beide Versionen.*

C: *Die Arbeiten müssen mehr Hand in Hand laufen. So verbrennen wir unser Potenzial und die Mitarbeiter haben das Nachsehen.*

D: *Bei differenzierter Betrachtung der Fakten lässt sich eine situationsbedingte Reduktion des Human Ressource Kapitals auf die Dauer nicht verhindern.*

E: *Unsere Kunden wollen nicht verschaukelt werden. Sie möchten sowohl die Konditionen als auch den Projektplan einmal Schritt für Schritt vor Augen haben, ehe sie eine Entscheidung fällen können. Diese sollte auch nicht nur aus dem Bauch heraus gefällt werden.*

F: *Meine Herren, Sie leben doch hier wie die Made im Speck. Dabei sollten wir alle den Gürtel enger schnallen, und das nicht nur, weil weniger Speck beweglicher macht.*

→ Übung 4

Bitte formulieren Sie Alternativen für das Gespräch zwischen Frau Schneider und ihrer Vorgesetzten Frau Warenstein. Gehen Sie von den gleichen Startbedingungen aus, das Gespräch beginnt wie gehabt.

Entwickeln Sie mindestens zwei Versionen mit unterschiedlichem Verlauf und bereiten Sie sich so auf diese Art von Gesprächen vor, in denen Sie andere um etwas bitten möchten.

Lösungen finden Sie auf Seite 126.

	Tonfall	Worte	Kommentar
S. (klopft an)	Lieb	*„Guten Morgen Frau Warenstein, haben Sie mal fünf Minuten?"*	*Leicht unterwürfige Bitte um ein Gespräch*
W.	Leicht seufzend	*„Ach, hallo Frau Schneider, kommen Sie doch rein. Setzen Sie sich, ich bin gleich bei Ihnen."*	Auf dem Schreibtisch stapeln sich Unterlagen, die sie sichtet und in Ablagekörbchen sortiert
S.	...	...	...

3 Gesprächsverhalten verstehen und beeinflussen – Methoden und Modelle

Viele bekannte Psychologen, Philosophen und Sprachwissenschaftler haben versucht, sich dem Phänomen der menschlichen Kommunikation, insbesondere dem Gespräch zu nähern (z. B. Carl Rogers, Ruth Cohn, Fritz Perls, Paul Watzlawick, Eric Berne, Schwäbisch & Siems und v. a.).

Ziele des Kapitels:
Sie gewinnen einen ausreichend tiefen Einblick in einige Modelle der gesprächspsychologischen Grundlagen, die sich aus den Überlegungen der genannten Wissenschaftler entwickelt haben.

Konkret lernen Sie unterschiedliche Kommunikationsmodelle kennen und verstehen, von welchen Warten aus Kommunikation betrachtet werden kann. Sie erkennen den Nutzen, Kommunikation aus unterschiedlichen Blickwinkeln zu betrachten und wissen, welchen Vertiefungsgrad das jeweilige Modell hat. Mittels diverser Übungsformen – während und am Ende des Kapitels – vertiefen Sie Ihre Kenntnisse und wenden diese direkt praktisch an.

Alle Kommunikations-Modelle haben Folgendes gemeinsam:
→ Sie helfen Ihnen zunächst dabei zu verstehen, wie Kommunikation und Gespräche „funktionieren" und warum sie gerade so verlaufen wie sie es tun. Damit halten Sie sehr gute Analyseinstrumente für den Verlauf eines Gespräches in den Händen.
→ Die Modelle bieten Ihnen aber auch die Möglichkeit, Ihr eigenes Gesprächsverhalten und Teile Ihrer Persönlichkeit bewusster kennenzulernen. Eine gesteigerte Selbsterkenntnis hat zur Konsequenz, mit anderen bewusster und damit „besser" umgehen zu können.
→ Jedes Modell ist einfach gehalten und lässt sich gut nachvollziehen. Wenn Sie die „Denke" des Modells verinnerlicht haben, können Sie es innerhalb Ihrer Gespräche anwenden und damit den Verlauf eines Gesprächs steuern.

Vergegenwärtigen Sie sich vorab, dass für Gespräche auch die non-verbale Kommunikation sehr wichtig ist. Denn sie beeinflusst ebenfalls maßgeblich den Verlauf eines Gesprächs, was aber vielen Menschen nicht wirklich bewusst ist.

Zur non-verbalen Kommunikation gehören:
→ Körperhaltung: Haltung des gesamten Rumpfes
→ Gestik: Bewegung und Position von Armen und Händen
→ Mimik und Blickverhalten: Alle sichtbaren Bewegungen der Gesichtsoberfläche
→ Stimme: Deutlichkeit, Lautstärke und Betonung, Tempo und Pausen, Melodieführung, Klangfarbe der Stimme

→ Nähe und Distanz: Abstand zwischen Personen

→ Körperliche Orientierung: Zuwendung versus Abwendung

→ Körperliche Merkmale: Eigenschaften wie Größe, Gewicht, Haut- und Haarfarbe und physische Erscheinungen wie Erröten, blass werden, Schwitzen, Gänsehaut, Zittern

→ Symbole: Statussymbole wie Schreibtisch, Auto, Haus, Handy etc.

All dies gibt Aufschluss darüber, wie das, was wir sagen, gemeint ist bzw. ankommen soll, schließlich kann man sich zum Beispiel über Symbole auch inszenieren. Körpersprache ist nicht ganz einfach zu kontrollieren bzw. zu verändern. Sie sollte außerdem natürlich und authentisch sein, also nicht antrainiert rüberkommen.

Es lohnt sich unbedingt, sich damit näher zu befassen! Das Thema ist jedoch zu vielfältig und bedarf zu intensiver Übung, um im vorliegenden Crashkurs mitbehandelt werden zu können. Aus der zahlreichen Literatur sei genannt:

Ruch, Norman: Körpersprache. Cornelsen 2009.

Aich, Joachim: Erfolgsgeheimnis Stimme. Cornelsen 2009.

Außerdem sei Ihnen ein Stimm- und Ausdrucktraining ans Herz gelegt, wie es z.B. Sprecherzieher in Seminaren und Einzelcoachings anbieten.

3.1 Das Kommunikationsquadrat – die vier Seiten einer Nachricht

Das Kommunikationsquadrat ist ein Modell, das sich damit beschäftigt,

→ welche Folgen die Vielfältigkeit einer „Nachricht", die wir anderen senden, auf den Gesprächsverlauf hat und

→ wie wir den möglichen Störungen in der Kommunikation situationsgerecht begegnen können.

Den Ursprung des heute zum Standard der Kommunikationspsychologie zählenden Modells begründete Friedemann Schulz von Thun in seinen Büchern „Miteinander Reden Teil 1-3" (ursprünglich erschienen 1981–1998), worauf die folgenden Ausführungen mit fußen. Friedemann Schulz von Thun war bis 2008 Professor an der Uni Hamburg im Fachbereich Psychologie und leitet das „Schulz von Thun-Institut für Kommunikation" (www.schulz-von-thun-institut.de).

3.1.1 Genauere Details des Modells

Wenn wir miteinander reden, senden wir unsere Nachricht, die Aussage oder Botschaft laut Schulz von Thun auf mindestens vier verschiedenen Ebenen. Aus diesen Gedanken entwickelte er, basierend auf dem Modell von Paul Watzlawik, das Modell einer Nachricht zum Quadrat.

Die Nachricht besteht aus folgenden vier Seiten:
- → Sachinhalt
- → Appell
- → Beziehung
- → Selbstoffenbarung

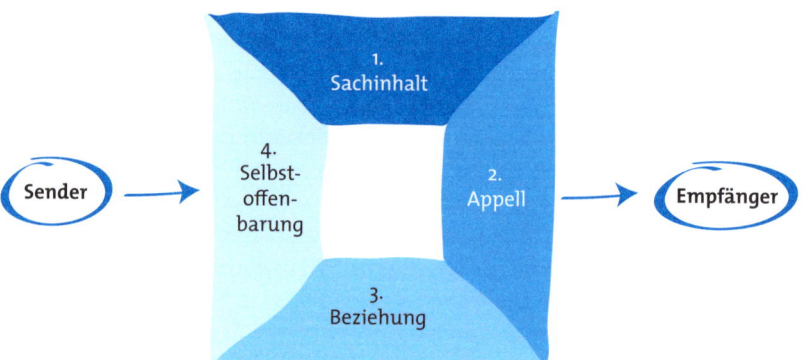

Die Darstellung einer Nachricht in Form eines Quadrates mit vier gleichlangen Seiten unterstützt die Idee, dass auch jeder Aspekt der Nachricht als gleichrangig anzusehen ist.

> Stellen Sie sich vor, eine Chefin (also die Senderin einer Botschaft) sagt zu ihrer Mitarbeiterin (der Empfängerin dieser Botschaft) am Ende eines Gesprächs: *„Mit Ihnen hat man es aber auch nicht leicht, Frau Schneider.“*

Welche Bedeutung haben die vier Seiten im Einzelnen?

a) Sachinhalt – oder: Worüber ich informiere
Jede Nachricht enthält immer eine Sachinformation. Im Beispiel erfahren wir etwas über die Sicht der Chefin auf die Mitarbeiterin. Sie bewertet Frau Schneider und drückt dies verallgemeinert aus.
Diese Kommunikationsebene steht immer im Mittelpunkt, wenn es um die Vermittlung von Sachinformationen geht. Sie ist aber stets nur ein Teil der Gesamtkommunikation.

b) Appell – oder: Wozu ich dich (mein Gegenüber) veranlassen möchte
Fast alle Nachrichten haben die Funktion, auf den Empfänger Einfluss zu nehmen. Wir sagen und tun nichts ohne Intention, auch wenn uns diese möglicherweise gar nicht bewusst ist. Im Beispiel könnte der Appell lauten: Verhalten Sie sich so, dass man es mit Ihnen leicht hat.

Die Nachricht dient also (auch) dazu, den Empfänger zu veranlassen, bestimmte Dinge zu tun oder zu unterlassen, (nicht) zu denken oder (nicht) zu fühlen. Der Appell kann mehr oder minder offen oder versteckt sein – im letzteren Fall sprechen wir häufig von Manipulation.

Und der Appell-Aspekt ist vom Beziehungs-Aspekt zu unterscheiden, denn mit dem gleichen Appell können sich ganz unterschiedliche Beziehungsbotschaften verbinden.

c) Beziehung – oder: Was ich von dir (meinem Gegenüber) halte und wie wir zueinander stehen

Aus der Nachricht geht hervor, wie der Sender zum Empfänger steht und was er von ihm hält, bzw. wie er über ihn denkt. Oft zeigt sich dies in der Formulierung, im Tonfall und anderen nicht-sprachlichen Begleitsignalen. Im Beispiel gibt die Chefin zu verstehen, dass sie glaubt, das Recht zu haben, ihre Mitarbeiterin so einschätzen zu dürfen, dass sie also so zueinander stehen. Dann steckt in der Aussage „Mit Ihnen hat man es aber auch nicht leicht" eine negative Bewertung der Person – Frau Schneider mache es anderen schwer. Diese Einschätzung ist übrigens eine doppelte: Die Chefin sagt, was sie generell von der Mitarbeiterin hält und sie bringt zum Ausdruck, wie sie selbst zu ihr steht.

d) Selbstoffenbarung – oder: Was ich von mir selbst kundgebe

In jeder Nachricht stecken schließlich noch Informationen über die Person des Senders. Im Beispiel hält die Chefin sich offensichtlich für kompetent, ihre Mitarbeiterin in dieser Weise einschätzen zu können. Außerdem gibt sie zu verstehen, dass ihr der Umgang mit Frau Schneider (auch) schwerfällt.

3.1.2   Die freie Auswahl des Empfängers – Mit vier Ohren hören

Nun kennen Sie die vier Seiten, die mitschwingen, wenn Sie anderen eine Nachricht senden also simpel ausgedrückt, etwas sagen. Was ist aber mit dem Empfänger, der nun diese vierseitige Nachricht erhält? Nun, dieser hat gemäß dem Modell vier Ohren, auf die diese Nachricht trifft. Der Empfänger hört in einem Gespräch also laufend Nachrichten, die immer gleichzeitig einen Sachaspekt, einen Selbstoffenbarungsaspekt, einen Beziehungsaspekt und einen Appellaspekt haben. Besonders interessant und wichtig ist dabei, dass der Empfänger sofort mit einer Antwort – sei es sprachlich oder nicht sprachlich – darauf reagiert. Diese vier Ohren sind:

→ Das Sachohr – es versucht den Sachinhalt zu verstehen.
→ Das Appellohr versucht einzuschätzen, wo der Sender ihn „hinhaben" will (*„Was soll ich also denken, fühlen, tun oder eben nicht?"*).
→ Das Beziehungsohr hat mit der eigenen Betroffenheit zu tun (*„Wie steht der Sender zu mir?" „Wie fühle ich mich durch die Art, wie der Sender zu mir spricht, mich behandelt?"*).
→ Das Selbstoffenbarungsohr hört raus, was der Sender über sich aussagt (*„Was ist das für einer?" „Was ist im Moment los mit ihm?"*).

Der Empfänger hört also (theoretisch) mit vier Ohren. Wie eine Nachricht gehört wurde, liegt so zunächst einmal beim Empfänger, er hat die freie Auswahl. In der Regel hat der Empfänger eines der Ohren im Vordergrund, also besonders gespitzt. Das hängt häufig mit eigenen Hörgewohnheiten zusammen, die wiederum eng mit der Persönlichkeit und den individuellen Erfahrungen in Verbindung stehen.

Es liegt auf der Hand, dass je nach Hörgewohnheit die Reaktion auf die Nachricht unterschiedlich ausfällt und damit auch das Gespräch anders verläuft. Somit ist die Kommunikation, der Gesprächsverlauf, ein „Machwerk" beider Beteiligter – des Senders und des Empfängers. Beide tragen gleichermaßen zum Erfolg oder Misserfolg des Gespräches bei – wobei es wiederum im Ermessen der Beteiligten liegt, was als Erfolg und was als Misserfolg angesehen werden kann.

Fortführung des Beispiels

Welche Auswahl hätte also Frau Schneider nun gehabt, auf die Aussage ihrer Chefin zu reagieren?

„Mit Ihnen hat man es aber auch nicht leicht, Frau Schneider."

→ Das Sachohr hört raus: *„Ich werde von meiner Chefin beurteilt. Sie sagt, ich mache es anderen nicht leicht ..."* Mögliche Reaktion: *„Mich irritiert Ihr Urteil, woran machen Sie das fest?"* oder auch *„Was genau mache ich anderen nicht leicht?"*

→ Dies ist eine Art zu reagieren, die im späteren Teil des Buches noch als eine spezielle Gesprächstechnik näher erläutert wird – die sogenannte konkretisierende Rückfrage.

→ Das Appellohr hört raus: *„Machen Sie mir es doch leichter."* Mögliche Reaktion: *„Was soll ich denn anders machen?"* oder *„Jaja, ich gebe mir ja schon Mühe. Entschuldigung."*

→ Das Beziehungsohr hört raus: *„Sie sind eine schwierige Mitarbeiterin."* Mögliche Reaktion: *„Es tut mir leid, dass ich so kompliziert bin."* oder *„Wer hat gesagt, dass ich hier arbeite, um es Ihnen besonders leicht zu machen?"*

   Das Selbstoffenbarungsohr hört raus: *„Mir fällt der Umgang mit Ihnen schwer."* Mögliche Reaktion: *„Na, da kann ich Ihnen auch nicht weiterhelfen, Sie sind doch die Chefin."* oder aber *„Was könnte denn Ihrer Meinung nach unsere Zusammenarbeit verbessern und erleichtern?"*

Die Reaktionen sind recht unterschiedlich. Je nachdem ob Frau Schneider wohlwollend oder lösungsorientiert an die Sache rangeht oder sich vornehmlich angegriffen fühlt, fällt ihre Reaktion aus. Dies sind natürlich nur Beispiele, andere sind selbstverständlich denkbar.

→ **Praxis**tipp:

! **Bedenken Sie,** *dass Sie im Gespräch zu Ihrer Reaktion immer die freie Wahl haben und sich regelmäßig Ihr Gesprächsziel vor Augen führen sollten. Dieses kann sich im Laufe eines Gesprächs, je nach dessen Verlauf, auch ändern.*

Einseitige Hörgewohnheiten und flexibles Zuhören

Je nachdem, welches Ohr wir „besonders gespitzt haben", verläuft unsere sprachliche Reaktion auf eine Aussage unseres Gesprächspartners. Wie kann es sich also auswirken, die eine Seite einer Nachricht mehr herauszuhören und sprachlich auf dieser Ebene zu reagieren? Haben die Ohren sozusagen Vor- und Nachteile?

	Vorteile	Nachteile
Das Sachohr	→ sachlich, neutral, ergebnisorientiert, objektiv, unempfindlich	→ betont den Inhalt, sie wirken unpersönlich, → kühl, → es hört nicht die Zwischentöne
Das Appellohr	→ hilfsbereit, zuvorkommend, → Lösung liefernd, dienstleistungsorientiert	→ sie sind ausnutzbar, wie ein Automat, unreflektiert in dem, was sie tun → es hört wenig auf die eigenen Bedürfnisse
Das Beziehungsohr	→ sensibel, feinfühlig, → menschlich, → liest zwischen den Zeilen	→ sie wirken verletzlich, → leicht gekränkt, sie nehmen zu viel persönlich, → es „hört das Gras wachsen"
Das Selbstoffenbarungsohr	→ verständnisvoll, empathisch, seelisch ausgeglichener als wenn man bevorzugt mit dem Beziehungsohr hört, fühlt sich in andere ein	→ sie sehen die Probleme mehr beim anderen, hinterfragen sich selbst zu wenig, sie „rutschen zu sehr auf der Du-Position rum"

3.2 Machtbalance in Gesprächen

Unabhängig vom Modell, mit dem Gespräche analysiert, verstanden und vorbereitet werden können, ist ein Aspekt von besonderer Wichtigkeit und steht sozusagen darüber: die Balance der Machtverhältnisse während des Gesprächs.

Beim Wort Gesprächsführung liegt die Assoziation nahe, es handle sich dabei um eine Art von Führung. Klar ist, dass dort, wo geführt wird, auch immer Macht existiert. Jede Äußerung enthält immer eine Einfluss erzeugende Komponente – wir wollen andere veranlassen, etwas (nicht) zu tun, (nicht) zu denken oder (nicht) zu fühlen. Außerdem existiert Macht natürlicherweise dort, wo Beziehungen aufgrund der kulturellen Regeln Normen und Konventionen asymmetrisch sind.

Beispiele hierfür sind
→ Lehrer/-in und Schüler,
→ Vorgesetzte und Mitarbeiter/-innen,
→ Polizist/-in und Bürger.

Die jeweils erstgenannten sind per se aufgrund ihrer gesellschaftlichen Position mit mehr Macht ausgestattet.

Parallel zum Wort Gesprächsführung werden außerdem die Begriffe *Dialog* oder einfach nur *Gespräch* verwendet. Deren sprachlicher Ursprung trägt eher den freien und ausgeglichenen Austausch in sich. Hier ist die Macht also ausgeglichen bzw. pendelt sie sich regelmäßig „von alleine" wieder ein.

Klar ist: Die Frage, in welcher Machtbeziehung zwei oder mehr Sprecher zueinander stehen, hat große Auswirkungen auf den Gesprächsverlauf. Wenn wir den Fokus auf langfristige Partnerschaften mit Kunden und stabile berufliche Beziehungen legen, leuchtet ein, dass die Ziele eines Gespräches darin liegen, sich gemeinsam zu verständigen und etwas für beide Seiten zu erreichen. Man sollte also „etwas zur gemeinsamen Sache machen" (Hellmut Geißner, 1988). Demnach ist in Gesprächen eine kooperative Grundhaltung aller Beteiligten wünschenswert, letztendlich sogar unabdingbar, wenn sie die beruflichen Beziehungen mittel- und langfristig stärken soll.

In Gesprächen haben wir es immer mit diesen Beziehungen zu tun:

Symmetrische Beziehungen
Sie beruhen auf Gleichheit bzw. grundsätzlicher Gleichberechtigung der Partner. Es herrscht eine Ausgewogenheit der Position der Gesprächspartner. Beide stehen auf gleicher Augenhöhe. Symmetrische Beziehungen können in jeglicher Personenkonstellation vorherrschen. Entscheidend ist der Wunsch danach, die Unterschiede anzugleichen statt auszunutzen, sodass alle in Summe auf gleicher Augenhöhe miteinander sprechen können. Kooperation wird hierbei angestrebt und gelebt.

Komplementäre Beziehungen

Sie basieren auf kulturell eingespielten Gewohnheiten und Konventionen. Beispielsweise haben Verkäufer und Kunde diese Art von Beziehung, wenn der Verkäufer ein Produkt oder ein Wissen hat, dass der Kunde (noch) nicht hat. Wenn ein Passant einen anderen nach dem Weg fragt, ist letzterer zunächst auch in der „mächtigeren" Position aufgrund seines möglichen Wissens. Aber auch Chefin und Mitarbeiter, Lehrer und Lernende oder Paare haben diese Art von Beziehung. Merkmal ist das aufeinander angewiesen sein, die Machtverhältnisse ergänzen sich einander. Ohne Lerner keine Lehrerin, ohne Mitarbeiter keine Chefs. Eine zeitweilige Wissensvormacht beispielsweise ist in der Beziehung vorgegeben und nötig und lässt diese nicht zwangsläufig ins Asymmetrische kippen.

Asymmetrischen Beziehungen

Sie zeigen sich in der Grenzüberschreitung der Kräfte, die im Gespräch vorherrschen. Einer oder mehrere Beteiligte versuchen dabei, die Regeln der Kooperation zu durchbrechen und ihre Macht gegenüber den anderen auszuspielen. Die im Gespräch wirkenden Kräfte sind:

→ *Soziale Handlungsmacht.* Die Beziehung beruht zum einen auf einer kulturbedingten Ungleichheit. Der eine nimmt eine übergeordnete, der andere eine untergeordnete Rolle ein. Das klassische Beispiel ist die Beziehung zwischen Vorgesetzten zum Mitarbeiter, wobei ersterer die Macht aufgrund seiner Position innehat.

→ *Wissensmacht.* Elmar Bartsch und Marita Pabst-Weinschenk weisen im Buch „Grundlagen der Sprachwissenschaft und Sprecherziehung" (UTB 2004) im Kapitel Gesprächsführung darauf hin, dass Asymmetrie bei jemandem bereits dann vorliegen kann, „wenn er eine Information erhält, die er nicht kennt und dann ,abhängig' nachfragen muss. Es geht also nicht nur um gesellschaftliche, soziale Vormacht bei Gesprächen, sondern auch um die des Wissens." Auch das Nichtpreisgeben von Wissen an entscheidender Stelle zählt dazu.

→ *Emotionale Macht.* Die Autoren ergänzen weiter, dass in Gesprächen auch noch eine emotionale Macht dazu treten kann, wenn beispielsweise „... jemand über seine Leiden und Schicksale erzählt und man ihn weniger leicht unterbricht als eine ,Plaudertasche'." Emotionale Macht wird auch dann ausgeübt, wenn jemand die Gefühle eines Menschen für seine Zwecke nutzt, etwa der angedrohte Liebesentzug eines Elternteiles, der das Handeln eines „ungezogenen" Kindes beeinflussen soll. Auf das Berufsleben übertragen könnte dies bedeuten, dass ein Vorgesetzter einen Mitarbeiter mit Missachtung straft und ihm die „schlechteren" Projekte zuschanzt, weil dieser ihn kritisiert oder ein Ziel nicht erreicht hat.

Nehmen diese Kräfte in Gesprächen überhand und werden nicht in Balance gehalten, senden Gesprächspartner (bewusst oder unbewusst) Signale für eine Überschreitung. Sie machen deutlich, dass sie sich notfalls auch zur Wehr setzen werden – damit ist der Boden für einen Konflikt geebnet.

→ **Praxis**tipp:

! Achten Sie auf die Ausgewogenheit der Kräfte und werden sich ihrer bewusst.

! Halten Sie die existierenden Machtverhältnisse in Balance.

! Berücksichtigen Sie sie insbesondere als Organisator oder Moderator von Gesprächen und dann, wenn Sie in einer komplementären Beziehung derjenige sind, der mit einer höheren sozialen Macht ausgestattet ist.

! Bedenken Sie, dass leicht einseitige Herrschaft-Dialoge entstehen, wenn die Verhältnisse in Gesprächen dauerhaft asymmetrisch sind. Diese sind im beruflichen Umfeld nur selten zielführend. Nur weil man die Macht hat, sollte man sie nicht im Übermaß für die eigenen Zwecke nutzen (von begründeten Ausnahmen, z. B. Feuerwehr, Rettungsdienste abgesehen, wo der Zweck die Kommunikation bestimmt).

! Es ist keine sinnvolle Lösung bzw. Alternative, Macht stattdessen gar nicht wahrzunehmen

Weitere Faktoren, die ein Gespräch maßgeblich mitgestalten und beeinflussen sind
→ die Bedingungen wie Ort, Teilnehmer und der Zweck und
→ die zur Verfügung stehende Zeit.

Wie diese Faktoren in der Gesprächsvorbereitung mit einfließen, lesen Sie im Kapitel 5.

Den Aspekt der Machtverteilung innerhalb von Gesprächen beleuchtet auch das folgende Modell der Transaktionsanalyse.

3.3   Die Transaktionsanalyse (TA)

Die Transaktionsanalyse ist allgemein ausgedrückt ein Modell zum Beobachten, Beschreiben und Verstehen
→ von individueller Persönlichkeit einerseits und
→ von sozialen Beziehungen zwischen Gesprächspartnern und den sozialen Systemen, in denen sie sich befinden andererseits.

Damit hilft es Ihnen, Verhalten in Gesprächen zu (er)klären und als Folge davon Gespräche bzw. deren Verlauf, positiv zu beeinflussen. Die TA wird vielfältig in der Literatur behandelt, die folgende Darstellung fußt u. a. auf *Birker, Klaus: Betriebliche Kommunikation (Cornelsen 2004)*.

Ursprung des Modells:

Das Modell der Transaktionsanalyse wurde von dem kanadischen Arzt Eric Berne in den 60er Jahren entwickelt. Es hat sich sowohl im therapeutischen Umfeld als auch in praxisorientierten Anwendungen im Bereich der Kommunikation und Teamentwicklung in der Wirtschaft etabliert.

3.3.1 Genauere Details des Modells

Die Transaktionsanalyse geht davon aus, dass in jedem Menschen drei verschiedene sogenannte Ich-Zustände wirken, aus denen heraus er reagieren kann. Die Entwicklung dieser Ich-Zustände beginnt in der Kindheit – sie können auch als Teile der Psyche bezeichnet werden. Im Laufe des Lebens sammelt sich bei jedem Menschen eine große Menge an Erinnerungen an, wobei die Erinnerungen von besonderer Bedeutung sind, die in den ersten fünf bis sechs Lebensjahren zusammengetragen werden.

OB GESPRÄCHE ANGENEHM ODER EFFEKTIV VERLAUFEN, HÄNGT LAUT BERNE IM WESENTLICHEN DAVON AB, WELCHE ASPEKTE UNSERER PERSÖNLICHKEIT WIR ZUM AUSDRUCK BRINGEN, WELCHER ICH-ZUSTAND ALSO IN EINER SITUATION IM VORDERGRUND AGIERT.

Die Transaktionsanalyse untersucht diese Gesetzmäßigkeiten der Gesprächsmuster, die durch unsere Persönlichkeitsanteile geprägt werden. Das Grundmodell der Transaktionsanalyse teilt sich in vier Bereiche auf, die Unterschiedliches analysieren:

→ Die Struktur-Analyse (Persönlichkeitsstruktur) versucht zu erklären, was in einer Person vorgeht und welche der Teile wirken, wenn sie sich in einer Situation auf eine bestimmte Art verhält.

→ Die Transaktionsanalyse im speziellen betrachtet die zwischenmenschlichen Beziehungen (Transaktionen) und analysiert die Kommunikation und ihre Störungsfelder. Sie schaut darauf, was in der Kommunikation zwischen Personen vorgeht.

→ Die Analyse der psychologischen Spiele erklärt fest eingefahrene Verhaltensmuster, die darauf basieren, wie viel Zuwendung ein Mensch braucht und von welcher Art diese sein muss. Sie hilft zu verstehen, wie die teilweise krummen, verdeckten und mit negativen Gefühlen endenden Beziehungen funktionieren und aufrecht erhalten werden.

→ Die Skript-Analyse zeigt auf, welchem Lebensplan oder „Drehbuch" ein Mensch folgt und wie er sich deshalb fortwährend verhält. Mit diesem Fahrplan programmiert sich ein Mensch z. B. selbst auf Erfolg oder Versagen.

3.3.2 Die Struktur-Analyse der TA

Die drei verschiedenen sogenannten Ich-Zustände der TA werden gewöhnlich als Symbole von Buchstaben in einem Kreis dargestellt:

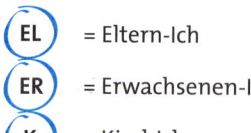

= Eltern-Ich

= Erwachsenen-Ich

= Kind-Ich

Jeder dieser Ich-Zustände stellt ein in sich geschlossenes System von Gefühlen, Gedanken und Handlungen dar, die ein Mensch in seinem Verhalten nach außen zeigt. Außerdem hat jeder der Zustände eine typische Tendenz bezüglich seines Verhaltens.

Die Kennzeichen des Eltern-Ich (EL)

→ Es vereint Gefühle, Gedanken und Handlungen, die wir von anderen Autoritäts- und Bezugspersonen aus der Kindheit oder von solchen aus der Gegenwart übernommen und innerlich akzeptiert haben.

→ Damit umfasst es also unser Wertesystem und die Normen, die unser Handeln leiten. Wir verhalten, sprechen, fühlen oder denken also so, wie wir annehmen, dass es unsere Vorbilder getan hätten. Es ist in erster Linie an Normen orientiert, beurteilt das Verhalten von sich und anderen moralisch und setzt auch auf Grund von Normen Grenzen.

→ Aus dem Eltern-Ich heraus handeln wir tendenziell automatisch (gemäß den übernommenen Vorbildern) und weniger reflektiert (bezogen auf die tatsächliche Situation).

Ebenso wie Eltern sowohl fürsorgliche als auch kritische Verhaltenstendenzen zeigen, zeigt sich auch das EL in zwei unterschiedlichen Ausprägungen:

→ Das fürsorgliche (oder auch unterstützende) Eltern–Ich, das Botschaften sendet, die ermutigend, wohlwollend und verwöhnend sind. Das sind z. B. „Du schaffst das", „Ich glaube an dich" oder „Ich bin so froh, dass es dich gibt".

→ Das unterstützende E: hört zu, hat Verständnis und Geduld, wertet positiv bzw. auf, hilft, tröstet und beruhigt, ermutigt und gleicht aus.

→ Das kritische Eltern-Ich, dessen Botschaften abwertender Natur sind, wie etwa „Das können Mädchen sowieso nicht", „Wenn du schön lieb bist, wird man dich mögen" oder „Nur wenn du etwas leistest, bist du ein guter Mensch".

→ Das kritische E: denkt in Schwarz-Weiß Kategorien (gut/schlecht, richtig/falsch), wertet negativ bzw. ab, verallgemeinert, befiehlt und kritisiert, stellt rhetorische und inquisitorische Fragen, moralisiert und bestraft.

> Wenn wir die Stimme des Eltern-Ichs sprechen hören, meldet sich gleichsam unser Gewissen und auch unsere übernommenen Vorurteile. **Dies kann uns einerseits einengen**, indem wir nicht so handeln, wie es der Situation angemessen wäre, sondern nach den alten Vorbildern, deren Botschaften wir damit übernehmen

Andererseits hat diese Instanz natürlich auch Vorteile: Wir müssen nicht in jeder Situation noch einmal alles neu überdenken. Das Programm, wie man zu sein und was man zu tun hat und wie man über Situationen und andere denkt, ist in uns verankert. Wir können deshalb in vielen Situationen unbewusst handeln und dies erleichtert das alltägliche Leben ungemein.

ENTSCHEIDEND IST, ZU ERKENNEN, WELCHE UNBEWUSSTEN BOTSCHAFTEN MAN ÜBERNOMMEN HAT UND WANN DIESE FÜR UNS UND ANDERE HILFREICH UND WANN HINDERLICH BIS KONFLIKTTRÄCHTIG SIND.

Die Kennzeichen des Erwachsenen-Ich (ER)

Das ER ist die Instanz in uns, die nüchtern, ohne Leidenschaft und logisch agiert. Es arbeitet im Hier und Jetzt daran, Probleme nach rationalen Kriterien zu prüfen und zu lösen, um ein Ziel zu erreichen. Es kann aktuelle Situationen realitätsgerecht einschätzen und versucht, in den aktuellen Gegebenheiten ein positiver Gestalter zu sein.

Demnach beurteilt es was uns von innen oder außen begegnet unvoreingenommen bzw. versucht es, die Vorurteile anhand seiner Informationen zu analysieren und anzuerkennen. Dies tut es mit dem Wissen, dass neue Informationen eine Situation plötzlich in einem ganz anderen Licht erscheinen lassen können.

Das ER:

→ hört zu,
→ beobachtet,
→ stellt sachliche Fragen,
→ konzentriert sich auf das, was tatsächlich ist,
→ wägt ab,
→ denkt in Alternativen,
→ überprüft eigene Normen und Werte und
→ versucht Probleme konstruktiv zu lösen.

Damit besitzt es die Fähigkeit, die Botschaften des Eltern-Ichs zu erkennen, richtig einzuordnen und auch hier entsprechend situationsgerecht zu handeln.

AUS DEM ERWACHSENEN-ICH HERAUS HANDELN WIR TENDENZIELL ÜBERLEGT (GEMÄSS UNSERER ERFAHRUNGEN) UND WENIGER „NACH LUST UND LAUNE".

Die Kennzeichen des Kind-Ich (K)

Im Kind-Ich versammeln sich all unsere Gefühle, Bedürfnisse und Wünsche. Diese Instanz ist zuständig für die schönen und die weniger schönen Emotionen wie

→ Freude,

→ Wut,

→ Trauer,

→ Begeisterung,

→ Liebe,

→ Schmerz und

→ Angst.

Das freie oder natürliche Kind-Ich trägt auch alle Eigenschaften zum guten Lernen und zur Weiterentwicklung in sich, wie Neugier, Kreativität, Spontaneität, Unbefangenheit und Begeisterung. Es wird in der TA auch gerne „der kleine Professor" genannt.

Das freie oder natürliche K:

→ ist spontan,

→ impulsiv und direkt,

→ sucht Spaß und Abwechslung,

→ ist egozentrisch und rebellisch,

→ aggressiv und authentisch.

Im anderen Teil des Kind-Ichs versammeln sich Verhaltensweisen, die den Erwartungen von Autoritäten folgen, und zwar als angepasstes Kind-Ich als Folge zu strenger Erziehung (in Form von Ängsten vor Strafe, Risiko, Scham und mangelnder Zugehörigkeit und Liebe).

Das angepasste K:

→ ist hilflos,

→ tut sich leid,

→ orientiert sich an Normen,

→ wartet bis es von alleine besser wird,

→ traut sich nicht und verzichtet,

→ hat Angst,

→ gibt nach,

→ lächelt devot oder unsicher.

Das Kind–Ich zeigt sich auch als rebellisches Kind-Ich, das zwar ebenfalls auf die strenge Erziehung reagiert, aber in diesem Fall mit dem Programm „Trotz".

AUS DEM KIND-ICH HERAUS HANDELN WIR ALSO TENDENZIELL (GEMÄSS UNSERER ENTWICKLUNG) IMPULSIV, GEDRÜCKT ODER INTUITIV, JE NACH AUSPRÄGUNG. WIR HANDELN NICHT ÜBERLEGT.

Die Lehre von den drei Ich-Zuständen entspricht der Vorstellung von einem „innerpersönlichen System". Nach Eric Berne spielen sich innerhalb dieses Systems Auseinandersetzungen ab, wobei dem Erwachsenen-Ich systemisch eine besondere Funktion zukommt. Es hat die Rolle des Vermittlers inne und sollte daher als „Vorherrschaft" eher zur Geltung kommen.

Die Ich-Zustände im Gespräch

Die drei Ich-Zustände sind in jedem einzelnen Menschen unterschiedlich stark ausgeprägt. Jeder ist außerdem fähig, innerhalb eines Gesprächs sehr schnell von einem Zustand in den anderen zu wechseln, dies zeigt sich (natürlich neben dem Inhalt) im Stimmklang und der unterschiedlichen Körpersprache. Das macht die Analyse von Gesprächs-Teilen auf Basis der TA besonders interessant!

In der Strukturanalyse der TA versucht man sich selbst und die Gesprächspartner besser zu verstehen und damit den Gesprächsverlauf positiv zu beeinflussen. Dies geschieht, indem man analysiert, aus welchem Ich-Zustand heraus ich selbst oder der andere in einer bestimmten Situation bevorzugt reagiert. Man versucht also zunächst, Muster im Verhalten bzw. der Wahl des Ich-Zustandes zu erkennen. In jedem Menschen sind ja alle Ich-Zustände mehr oder weniger gleich stark vertreten, jedoch neigen wir dazu, aufgrund bestimmter Ereignisse oder etwa zu bestimmten Zeiten aus immer dem gleichen Zustand heraus zu reagieren oder zu antworten.

Die Analyse mittels TA verfolgt folgende Ziele:

→ Eine ausgeglichene Persönlichkeit anzustreben, indem wir die Energie sinnvoll auf die unterschiedlichen Ich-Zustände verteilen. Die unten stehenden Beispiele verdeutlichen diesen Aspekt noch einmal genauer.
→ Herauszufinden, welche Muster ich selbst im Verhalten typischer Ich-Zustände zeige und wie ich aus dem Ich-Zustand heraus handeln kann, der für die Situation am angemessensten ist. Dazu muss ich fähig sein, das Verhalten des jeweils passenden Zustands im entscheidenden Moment zur Verfügung zu haben. Intensive Selbstreflexion und Selbsterkenntnis sind dabei die wichtigsten Schritte!
→ Zu erkennen, welche Ich-Zustände andere in bestimmten Situationen (ggf. musterhaft) wählen, um deren Verhalten einschätzen und passend darauf reagieren zu können. Im Zweifel wird dies eine Reaktion auf Meta-Ebene sein (also die Kommunikation über die Art und Weise der Kommunikation), über die Sie im Kapitel 4 noch Näheres erfahren können.
→ Zu verstehen, wie die Reaktion aus einem bestimmten Ich-Zustand heraus die Kommunikation insgesamt beeinflusst und wie ich einen unerwünschten Verlauf positiv beeinflussen kann

3.3.3 Störungen im Gesprächsverlauf

Die eigentliche Transaktionsanalyse beschäftigt sich nun damit, die Interaktion zwischen mindestens zwei Personen zu analysieren, wobei die Transaktion als Grundeinheit verbal oder non-verbal ablaufen kann.

Wie bereits im klassischen Sender-Empfänger Modell beschrieben, reagiert ein Empfänger auf die Aussage des Senders. In der TA besteht die Transaktion nun darin, dass der Sender dies aus einem bestimmten Ich-Zustand heraus tut mit der Absicht, dass seine Botschaft auf den aktuellen Ich-Zustand des Empfängers trifft. Der Empfänger kann nun aus dem angesprochenen Ich-Zustand heraus reagieren oder aber auch aus einem anderen, in den er unmittelbar wechselt. Welche Ich-Zustände dabei jeweils zu einem gelungenen Austausch führen oder zu einer Irritation oder gar Störung lässt sich nicht pauschal sagen. Sicherlich ist es nicht richtig, dass nur wenn gleiche Ich-Zustände aufeinander treffen, eine gelungene Kommunikation entsteht.

Die Transaktionsanalyse hat eine symbolisierte Art, die Transaktionen zu visualisieren und somit klarer vor Augen zu führen. Hier ein paar Beispiele zur Veranschaulichung:

Die erweiterte Strukturanalyse

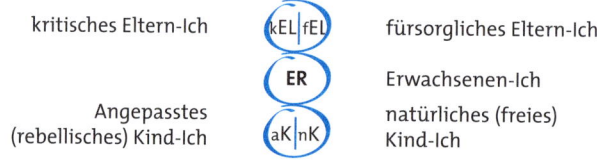

kritisches Eltern-Ich		fürsorgliches Eltern-Ich
		Erwachsenen-Ich
Angepasstes (rebellisches) Kind-Ich		natürliches (freies) Kind-Ich

Beispiel für eine Darstellung einer Transaktion

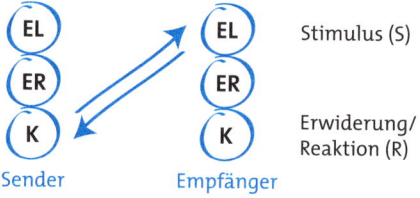

Stimulus (S)

Erwiderung/ Reaktion (R)

Sender   Empfänger

Außerdem unterscheidet die TA unterschiedliche Transaktionen wie parallele, gekreuzte oder verdeckte Transaktionen, die wiederum symbolisiert dargestellt werden.

Parallele Transaktion:
Trifft der Angesprochene die Antwort aus dem Zustand heraus, der bei ihm angesprochen wurde und erwidert er wiederum an den ursprünglichen Zustand des Senders, handelt es sich um eine parallele oder auch komplementäre Transaktion. Diese kann zwischen jedem der Ich-Zustände stattfinden, also kann der gleiche Zustand mit dem gleichen eine Transaktion haben oder auch unterschiedlich miteinander.

Die Grafik verdeutlicht dies:

S: kEL zu kEL
„Die Leute haben heute viel zu hohe Ansprüche an das Leben …"

E: kEL zu kEL
„Das kann man wohl sagen."

Hier erfolgt der Austausch von Vorurteilen zwischen den beiden kritischen Eltern-Ichs

parallele Transaktion 1

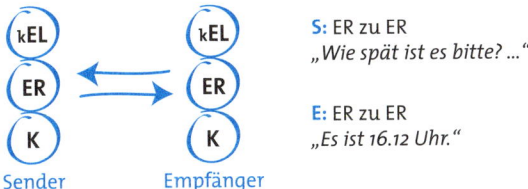

S: ER zu ER
„Wie spät ist es bitte? …"

E: ER zu ER
„Es ist 16.12 Uhr."

Sender und Empfänger tauschen auf gleicher Ebene Informationen aus

parallele Transaktion 2

SOLANGE DIE KRITERIEN DER PARALLELEN TRANSAKTION ERHALTEN BLEIBEN, KANN KOMMUNIKATION BZW. EINE ZWISCHENMENSCHLICHE BEZIEHUNG UNGESTÖRT UND UNENDLICH LÄNGER FORTDAUERN. SIE MUSS DABEI ALLERDINGS NICHT ZWANGSLÄUFIG ZU EINEM KONSTRUKTIVEN ERGEBNIS FÜHREN.

Beispiel für eine sinnvolle Auflösung einer parallelen Transaktion

Herr Schneider arbeitet bei einer Versicherung zu 50 % als Trainer und bringt seinen Kollegen eine Spezialsoftware bei. Immer wieder trifft er auf Kolleginnen und Kollegen, die ihn bei den Übungen „heranrufen", damit er ihnen weiterhilft. Er tut dies zunächst gerne, weil er ja damit hilfsbereit ist und sein Wissen zeigen kann. Es läuft gut in den Seminaren und er bekommt gute Bewertungen! Mit der Zeit jedoch bemerkt er, dass es ihn anstrengt, immer wieder die Arbeit der hilflosen Kollegen zu tun und außerdem scheinen diese nicht wirklich bereit zu sein, das Programm richtig zu lernen.

Mit welcher Transaktion haben wir es hier zunächst zu tun?

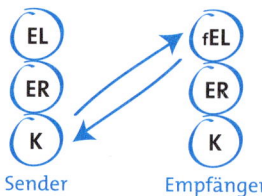

S: K zu fEL
„Herr Schneider, können Sie hier mal gucken kommen, das klappt nicht …"

E: fEL zu K
„Na klar, was ist denn los? Zeigen Sie doch mal, also …"

Welches Ziel könnte Herr Schneider verfolgen und womit könnte er es erreichen?

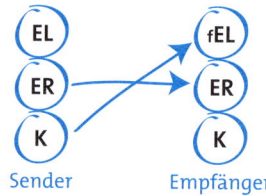

S: K zu fEL
„Herr Schneider, können Sie hier mal gucken kommen, das klappt nicht …"

E: ER zu ER
„Was genau funktioniert gerade nicht? Welche Wege haben Sie schon ausprobiert?"

Auflösung einer parallelen Transaktion durch Kreuzung

Herr Schneider hat sich entschieden, den Kollegen Hilfe zur Selbsthilfe zu geben statt für sie die Arbeit zu erledigen und ihre Hilflosigkeit zu unterstützen. Dazu musste er aus dem Eltern-Ich-Zustand in den des Erwachsenen-Ichs wechseln und den Kollegen auch in diesem Zustand ansprechen. Dies geschieht in einer sogenannten gekreuzten Transaktion.

> EIN WECHSEL INS ERWACHSENEN-ICH IST IN DER REGEL NICHT SOFORT ERFOLGREICH UND BRAUCHT GGF. EINE KLÄRUNG DER SITUATION. VIELE MENSCHEN SIND ZUNÄCHST NICHT BEREIT, SICH AUS DER BEQUEMEN HILFLOSIGKEIT HERAUSZUBEGEBEN. MITTEL-FRISTIG BETRACHTET IST DIES JEDOCH FÜR ALLE BETEILIGTEN DER EFFEKTIVSTE WEG.

Gekreuzte Transaktion

Im Fall oben hatten wir es mit einer gekreuzten Transaktion zu tun, hier wurde weder aus dem gleichen Zustand geantwortet, der ursprünglich angesprochen war noch der ursprüngliche Zustand des Senders angesprochen. Aus Kind-Ich zum fürsorglichen Eltern-Ich wurde eine Transaktion vom Erwachsenen-Ich zum Erwachsenen-Ich. Dies ist auch dann der Fall, wenn sich die Transaktionen zeichnerisch nicht **kreuzen**!

Merkmale der gekreuzten Transaktion:
→ Es kommt zumindest kurzzeitig zu einer Störung oder gar einem Zusammen-bruch der Kommunikation.
→ Die Beziehung ist für mindestens einen Moment gestört bzw. unterbrochen.
→ Dies zeigt sich z. B. daran, dass man aneinander vorbei redet, sich nicht mehr versteht oder sogar den guten Kontakt (auch Rapport genannt) verliert.

→ Wie am Beispiel aufgezeigt, halten gekreuzte Transaktionen aber auch die Chance in sich, Kommunikation wieder in konstruktive Bahnen zu lenken und diese z. B. wieder auf die Erwachsenen-Ebene zu bringen. Erfolgreich ist dies dann, wenn der Angesprochene Bereitschaft zeigt, auch aus dem angesprochenen Zustand heraus zu reagieren und eine parallele Transaktion auszuführen.

Weiteres Beispiel mit Illustrationen für eine gekreuzte Transaktion

Sie befinden sich in einem Meeting und wollen Ihr Statement zu einer Sache abgeben. Eine Kollegin und ein Kollege tuscheln zunächst kurz miteinander und beginnen dann, laut zu lachen. Beide stoppen jedoch nicht unmittelbar danach oder fordern sich gegenseitig zur Ruhe auf, sondern machen damit weiter ... Es liegt auf der Hand, dass eigentlich das Erwachsenen-Ich (Ihr Zustand) davon ausgehen kann, zum Erwachsenen-Ich (der Kollegen) sprechen zu können.

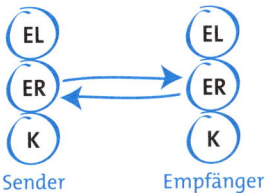

erwartete Transaktion

Stattdessen sind die gesprächigen Kollegen im rebellischen Kind-Ich und sprechen mit Ihrem Verhalten auch das des Sprechers an.

S: ER zu ER
„Ich möchte Ihnen nun vorstellen, wie wir in Zukunft ...“

E: K zu K
tuscheln und lachen

tatsächliche gekreuzte Transaktion

Nun ist die Frage, welcher Zustand der passende ist, um Ihr Ziel zu erreichen, nämlich in Ruhe und mit Aufmerksamkeit aller das Statement abgeben zu können. Schließlich könnte es ja auch die beiden „Tuschler" betreffen. Haben Sie eine Idee?

Hier drei Varianten, entscheidend ist immer, was die Reaktion für mögliche Folgen auslösen wird:

1. **Sie wechseln auch ins Kind-Ich.** Sie setzen sich neben die beiden und fragen mit kindlichem Blick und Tonfall: „Na, was bequatscht`n ihr beide da? Ich will auch mitlachen."

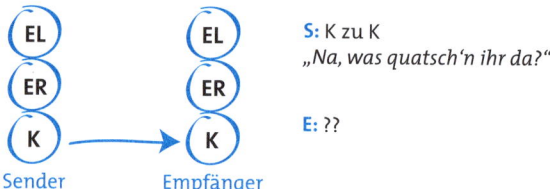

S: K zu K
„Na, was quatsch'n ihr da?"

E: ??

2. **Aus dem kritischen Eltern-Ich reagieren.** „Haltet euch bitte an die abgesprochenen Regeln oder verlasst den Besprechungsraum, wir sind nicht zum Quatschen hier."

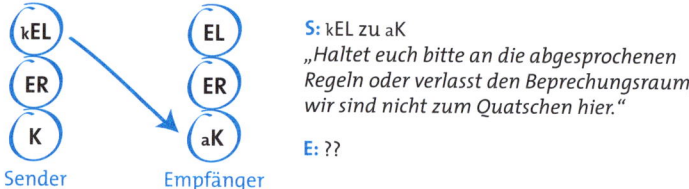

S: kEL zu aK
„Haltet euch bitte an die abgesprochenen Regeln oder verlasst den Beprechungsraum, wir sind nicht zum Quatschen hier."

E: ??

3. **Ins fürsorgliche Eltern-Ich gehen.** „Ihr beide habt gerade richtig Spaß, wie schön! Ich befürchte, wenn ihr weiterlacht, fehlt euch die Basis, gleich an der Abstimmung teilnehmen zu können."

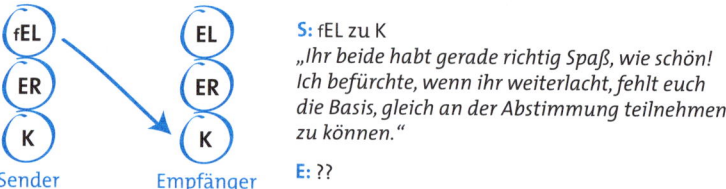

S: fEL zu K
„Ihr beide habt gerade richtig Spaß, wie schön! Ich befürchte, wenn ihr weiterlacht, fehlt euch die Basis, gleich an der Abstimmung teilnehmen zu können."

E: ??

Letzteres ist mein Favorit bezüglich des Gesprächsziels, und natürlich sind noch andere Reaktionen denkbar! Das erste würde mir ehrlich gesagt einfach mal Spaß machen! Die zweite Lösung würde aus meiner Warte das schlechteste Ergebnis erzielen – wer möchte schon gerne bevormundet und bloßgestellt werden, auch wenn es sachlich nicht korrekt ist, über längere Zeit in einem Meeting zu tuscheln und laut zu lachen ...

➜ *Praxi*stipp:

Wie können Sie nun Transaktionen vermeiden, in denen Störungen durch die nicht zusammenpassenden Ich-Zustände auftreten?

! *Werden Sie sich über Ihr Gesprächsziel klar und behalten Sie es im Auge. Damit gehen Sie sicher, den richtigen Ich-Zustand zu wählen.*

! *Beobachten Sie zunächst, ob sich Transaktionen in Ihren Gesprächen kreuzen. Das heißt, üben Sie sich darin zu erkennen, ob der Empfänger auch aus dem Zustand heraus reagiert, den Sie angesprochen haben.*

! *Es ist außerdem wichtig zu erkennen, ob der Sender-Zustand der für die Situation angemessene ist. Ist dies nicht der Fall, lenken Sie entsprechend ein.*

! *Vermeiden Sie, selbst Auslöser einer solchen gekreuzten Transaktion zu sein, wenn diese am Ziel vorbeischießt – werden Sie sich Ihrer Reaktionsmuster bewusst.*

Um die Transaktionsanalyse für Sie noch praxistauglicher zu machen, lesen Sie die folgenden Beispiele und arbeiten die Übung am Ende dieses Kapitels durch.

3.3.4 Beispiele für Probleme mit „unpassenden" Ich-Zuständen

Unpassend meint hier „der Situation oder einem Ziel nicht angemessen". Letztendlich entscheidet jeder selbst was angemessen oder unangemessen bedeutet, jedoch – lesen Sie selbst:

> **Beispiel 1:** Probleme können z.B. dann auftreten, wenn jemand eine wichtige berufliche Entscheidung allein aus dem Kind-Ich heraus trifft anstatt bevorzugt das Erwachsenen-Ich handeln zu lassen. Verstand und „Lust" sollten hier mindestens gleichermaßen vertreten sein. Das Kind-Ich betrachtet wichtige Fakten und Folgen einer Entscheidung nicht und entscheidet nur spontan aus dem Bauch ...

> **Beispiel 2:** Unpassend ist es auch, wenn jemand in seiner Freizeit zu viel aus dem Erwachsenen- oder Eltern-Ich agiert, indem er fortwährend analysiert, was er alles tun könnte. Er schreibt To-do-Listen und hält sich strikt an deren Abarbeitung statt bevorzugt aus dem Kind-Ich heraus lustvoll die Freizeit zu genießen.

Beispiel 3: Ein weiteres typisches Muster ist, Kritik an einem Erwachsenen aus dem Kind-Ich heraus zu üben – in einem quengeligen und kindlichen Tonfall. Ziel ist es hier, nicht „so harsch rüberzukommen" und nicht für die Kritik bestraft zu werden. Dieses Muster tritt eher auf, wenn Frauen Männer kritisieren und schießt ebenso häufig am Ziel vorbei, da Männer meistens die klare direkte Ansprache (des Erwachsenen-Ichs) bevorzugen. Aber auch bei Frauen gegenüber Frauen konnte ich dieses Verhalten schon des Öfteren selbst erleben. Hat man dieses Muster als Frau selbst nicht im Repertoire, löst dieser plötzliche Wechsel vom Erwachsenen-Ich zum Kind-Ich einige Irritationen aus – man nimmt seinen Gegenüber mitunter nicht richtig ernst.

Beispiel 4: Gegenüber einem Vorgesetzten (und im Grunde auch den Arbeitskollegen gegenüber) ist es weder angemessen, zu sehr aus dem angepassten noch aus dem rebellischen Kind-Ich zu reagieren, obwohl dies häufiger auftritt.

Konkret: Ein Chef kommt ins Büro und fragt eine Mitarbeiterin: *„Wissen Sie, wo die Akte zum Fall Schulte gelandet ist?"*

Die Mitarbeiterin antwortet aus dem angepassten Kind-Ich: *„Oje, da werde ich mich gleich mal auf die Suche machen, das tut mir aber leid."*

Aus dem rebellischen Kind-Ich könnte die Antwort lauten: *„Was kann ich denn dafür, wenn Sie Ihre Sachen nicht beisammen halten können?"*

Ersteres würde als übermäßige Unterwürfigkeit angesehen, letzteres als Unfähigkeit, sich einer Hierarchie unterzuordnen und einen angemessen Ton anzuschlagen.

Hier ist das Erwachsenen-Ich sicherlich der angemessene Zustand, den man hauptsächlich „aktivieren" sollte. Dieser Ich-Zustand würde eher sachlich reagieren mit: *„Nein, ich habe die Akte heute noch nirgendwo gesehen. Sie meinen den Verlauf der aktuellen Verhandlung, oder?"* Damit würde man der Frage auf gleicher Augenhöhe begegnen und noch einmal sicherstellen, dass man von der gleichen Sache spricht.

Beispiel 5: Ein komplexes und typisches Beispiel, das Beruf und Alltag vermischt ist dieses: Ein Mann beginnt nach der Arbeit zu seiner Frau vorzugsweise in Kind-Ich-Zuständen zu kommunizieren, um sich damit vom Erwachsenen-Zustand des beruflichen Alltags abzugrenzen. Damit einher geht das Bedürfnis, für spätes nach Hause kommen oder schlechte Arbeitsergebnisse nicht getadelt zu werden und Entlastung und Aufmerksamkeit von der Frau zu bekommen.

Diese hingegen würde lieber auf gleicher Augenhöhe von Erwachsenem zu Erwachsenem reden, wird aber in ihrer mütterlichen Rolle angesprochen und möchte dem Mann als Versorger die Entlastung zukommen lassen.

Leider entlastet sie ihn auch von wichtigen Entscheidungen, die gemeinsam getroffen werden müssten, was zu einem prompten Wechsel des Mannes in das tadelnde Eltern-Ich führt.

Dieser Ausbruch wiederum lässt die Frau ins Kind-Ich verfallen, das sich nun ungerecht angegriffen und verletzt fühlt etc. Ein typischer Kreislauf nicht-konstruktiver Transaktion läuft ab ....

3.3.5   Verdeckte Transaktionen

Wenn Kommunikation gleichzeitig auf zwei Ebenen läuft – auf einer offenkundigen und auf einer verborgenen, spricht man in der TA von einer doppelten oder verdeckten Transaktion.

Die verborgene Ebene wird oft non-verbal, also durch Körpersprache transportiert oder ihr Sinn lässt sich hinter den gesprochenen Worten nur erahnen. Sie wird in den Transaktions-Schaubildern als gestrichelte Linie gekennzeichnet. Sie wird auch gerne die „psychologische Ebene" genannt, weil viele Menschen ihre „Spiele" auf dieser Ebene beginnen und auf ihr das wirkliche Wollen zum Ausdruck kommt. Da die meisten Menschen sich aber durch Konvention daran hindern, die Dinge konkret und offen anzusprechen, werden Untertöne mitgesandt, die es für den Empfänger herauszuhören gilt.

Die offenkundige Ebene ist somit die sozial akzeptierte, also die annehmbare Form der Botschaft. Oft werden durch Augenzwinkern oder Augenlid herunterschieben angedeutet, dass es eine solche zweite verdeckte Ebene gibt. Auf dieser Ebene wird nun das eigentlich Wichtige zum Ausdruck gebracht, nur steht der Sender nicht offen zu seinen An- und Absichten.

Wer von uns hat nicht schon einmal folgendes Beispiel (also das Prinzip dahinter) erlebt?

> *„Ach Herr Pfälzer, das ist also Ihr Büro? Es wirkt alles so lebendig, man sieht gleich, dass hier ein kreativer Kopf arbeitet, nicht wahr?"*
>
> *„Sie meinen, es ist etwas chaotisch hier und ich sollte mal wieder aufräumen, Frau Birkner?"*
>
> *„Ach, Herr Pfälzer, was Sie immer gleich denken ..."*

Frau Birkners Tonfall ist in diesem Beispiel sicherlich nicht schwer hinzuzudenken ...

Verdeckte Transaktionen können in drei Varianten vorkommen:

Den Gesprächspartnern ist die doppelte Kommunikation bewusst, sie versuchen sich sowohl auf der verdeckten als auch auf der offenkundigen Ebene zu verständigen. Was hier zunächst möglicherweise unlogisch klingt, wird mit diesem Beispiel deutlich:

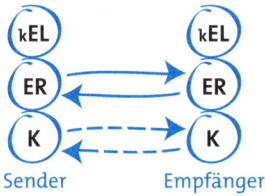

S: offen ER zu ER:
„Wir müssen unbedingt wieder Sport treiben nach dem Urlaub. Am besten wir joggen, wenn es noch nicht regnet ..."
verdeckt K zu K:
„Lass uns Feierabend machen, ich hab keine Lust mehr aufs Büro!"

E: offen ER zu ER:
„Ja, das wäre vernünftig und in zwei Stunden soll ja das Gewitter kommen."
verdeckt K zu K:
„Ich hab auch keine Lust mehr, Hauptsache raus hier!"

Doppelte Kommunikation, die aber offen ausgetragen wird

In der zweiten Variante ist dem Empfänger die verdeckte psychologische Ebene nicht bewusst. Werbung und kommunikative Manipulationsversuche arbeiten häufig mit dieser Art von Transaktion.

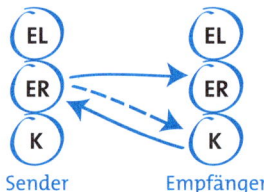

S: offen ER zu ER:
„Na wenn die Stelle für Sie nicht interessant genug ist, werde ich sie eben Herrn Breuer anbieten."
verdeckt K zu K:
„Beeil dich und schlag ein! Du bekommst sonst keine andere Stelle angeboten."

E: K zu ER:
„Nein, sicher ist sie interessant, ich sag natürlich zu!"

Verdeckte Transaktion und Manipulation

In der dritten Variante versteht der Empfänger nur die offen gesendete Botschaft bzw. reagiert er hingegen der Variante zwei nur auf die offene. Er hört also die wahre Absicht nicht (heraus) und geht auf den Aspekt, der dem Sender eigentlich wichtig ist, nicht ein.

Dies führt möglicherweise zu Irritationen beim ursprünglichen Sender, dem nun unklar ist, ob seine verdeckte Botschaft tatsächlich nicht gehört oder bewusst überhört wurde. Dies ist aber nur zu klären, indem der Sender seine eigentliche Absicht nun aufdeckt, was er jedoch ursprünglich vermeiden wollte.

Was nun bleibt ist auf jeden Fall ein ungutes Gefühl beim Sender:
- → entweder weil er sich mit seinem Anliegen abgelehnt fühlt
- → oder weil er beim Empfänger tatsächlich Unverständnis erzeugt hat.

Resümee „verdeckte Transaktionen":

Anhand der Beispiele wird deutlich, dass verdeckte Transaktionen ungeeignet sind, langfristige, vertrauensvolle Beziehungen aufzubauen und zu erhalten. Es ist sinnvoller, offen zu kommunizieren und unsere Absichten offen „auf den Tisch zu legen" um unseren Gesprächspartnern möglichst bewusste Entscheidungen möglich zu machen. In jeglichen Kontakten zu anderen und insbesondere in Verhandlungen, von denen im Kapitel 6 die Rede sein wird, ist dies eine fundamental wichtige Einstellung für langfristige Beziehungen.

Wenn Sie nun neugierig geworden sind und einen noch tieferen Einblick in die TA und die Analyse der psychologischen Spiele und der Skript-Analyse bekommen möchten, empfiehlt sich das in der Einleitung dieses Kapitels erwähnte Buch von Klaus Birker.

3.3.6 Übungsaufgaben zur Transaktionsanalyse

> ### → Übung 5
>
> *Kreuzen Sie bitte zu jeder Aussage den ICH-Zustand an, aus dem Ihrer Meinung nach die entsprechende Aussage kommt.*
>
> *kEL = kritisches Eltern-Ich/ fEL = fürsorgliches Eltern-Ich*
>
> *ER = Erwachsenen-Ich*
>
> *fK = freies Kind-Ich / aK = angepasstes Kind-Ich*

		kEL	fEL	ER	fK	aK
1.	Ich tue es, weil es mir Spaß macht.					
2.	Warum haben Sie diesen Bericht immer noch nicht rausgeschickt?					
3.	Das haben Sie wirklich gut gemacht.					
4.	Was sollte ich denn bloß machen?					
5.	Ich tue ja schon mein Bestes.					
6.	Welche Möglichkeiten sehen Sie?					
7.	Wie oft habe ich Ihnen schon gesagt, dass ich morgens als erstes die Post auf dem Schreibtisch haben will.					
8.	Nehmen Sie es nicht so tragisch! Wir machen alle Fehler.					
9.	Ich gehe jetzt zur Post. Soll ich noch etwas abholen?					

		kEL	fEL	ER	fK	aK
10.	Lass mich doch in Ruhe!					
11.	Oh je, ich schäme mich so.					
12.	Merken Sie sich, Sie sind hochgradig unfähig!					
13.	Nun lassen Sie nur nicht gleich den Kopf hängen!					
14.	Na gut … dann mach' ich das halt. Wenn Sie meinen …					
16.	Reiß' Dich doch zusammen, Mensch! So klappt das niemals!					
16.	Ich an Ihrer Stelle würde das so machen: …					
17.	Das war dumm von Ihnen!					
18.	Das ist doch idiotisch!					
19.	Wie viel Stück haben wir letzten Monat verkauft?					
20.	Dabei hab' ich mir so viel Mühe gegeben …					
21.	Möglicherweise finden wir doch noch eine Lösung.					
22.	Du wirst schon sehen, was Du davon hast.					
23.	Ich bin stolz auf Dich!					
24.	Den hab' ich ganz schön ausgetrickst.					
25.	Ich kann machen, was ich will, immer geht alles schief.					

→ Übung 6

Zeichnen Sie die Grafik der Transaktionen des Beispiels auf Seite 50 - 51 auf.

Überlegen Sie:

? *Wie könnte eine konstruktive Art (auf dem Papier) aussehen?*

? *Welches Gesprächsziel sollte damit erreicht werden?*

? *An welcher Stelle könnte einer der beiden auf welche Weise einlenken und die Transaktionen konstruktiv verändern?*

? *Welche Möglichkeiten wären noch denkbar?*

→ **Übung 7**

Selbstreflexion eigener Muster

Bitte überlegen Sie:

? *In welchen Aussagen in Übung 1 konnten Sie sich wiederfinden?*

? *Welche der Aussagen verwenden Sie, wenn auch nicht im gleichen Wortlaut, häufiger? Wenn ja, in welchen Situationen ist das der Fall?*

? *Was hat das dann zur Folge und sind das die Ergebnisse, die Sie gerne erreichen möchten?*

? *Was möchten Sie stattdessen erreichen und mit welcher Transaktion wäre dies möglich?*

Achten Sie außerdem bewusst auf Ihre verdeckten Transaktionen:

? *Welche senden Sie und mit welchem Ziel?*

? *Erreichen Sie es und welches Gefühl hinterlässt dies bei Ihnen und Ihren Gesprächspartnern?*

? *Was genau hindert(e) Sie (bisher) dran, offen zu kommunizieren? Was haben Sie dadurch bisher gewonnen und welche Probleme haben sich daraus ergeben?*

? *Welche Optionen sehen Sie, stattdessen offen zu kommunizieren und was würden Sie dadurch gewinnen? Welche Nachteile hätte dies und wie könnten Sie diese umgehen, außer verdeckt zu kommunizieren?*

→ **Übung 8**

Analysieren Sie typische Gesprächssituationen.

Beobachten Sie Gesprächswechsel in Besprechungen, in der Kantine, im Pausenbereich, im Büro und auch privat. Dadurch werden Sie sicherer in der Anwendung der TA und stärken ihren Nutzen für den beruflichen Alltag. Folgende Fragen helfen Ihnen dabei:

? *Wie verläuft das Gespräch: Harmonisch? Neutral-sachlich? Gibt es Unstimmigkeiten?*

? *Welche Ich-Zustände treffen hier aufeinander?*

→ Übung 8

? *Haben Sie den Eindruck, dass sich jemand unbewusst anders verhält, weil der Empfänger in einem anderen Ich-Zustand reagiert
hat? Findet eine Anpassung statt oder eine Korrektur?*

? *Handelt es sich um parallele, gekreuzte oder verdeckte Transaktionen?*

? *Wenn Sie den Beteiligten einen Ratschlag aus TA-Sicht geben
wollten – welcher wäre das?*

3.4 Die themenzentrierte Interaktion (TZI)

Gespräche mit mehreren Personen gestalten sich oft schwierig, weil zum Beispiel die Arbeitsatmosphäre belastet wird, Missverständnisse aufkommen, offene oder versteckte Konflikte entstehen. Machtspielchen kosten Zeit oder fressen Energie und so manche Besprechung wird daraufhin erfolglos wieder vertagt. Daher ist es für eine effektive Zusammenarbeit und gute Gespräche zunächst wichtig, die „natürlichen" Prozesse in Gruppen zu (er)kennen und passende Regeln aufzustellen, die die Zusammenarbeit aller ermöglichen.

Das Modell der Themenzentrierten Interaktion (TZI) beschreibt die Kommunikation und die Vorgänge in einer Gruppe bzw. in einem Team. Diese Gruppe kann auch temporär, also z. B. nur für eine Besprechung zusammengekommen sein.
Die TZI unterstützt (Arbeits-)Gruppen dabei, die Balance zwischen den drei Ebenen zu halten, auf denen Gespräche und Interaktionen in Gruppen stattfinden und damit die berufliche Zusammenarbeit optimal zu gestalten.
Diese Ebenen sind:

- → die Ich-Ebene = Individuum (Gruppenmitglied),
- → die Wir-Ebene = die Gruppe selbst,
- → die Es-Ebene = das Thema und
- → außerdem noch der Globe = die Rahmenbedingungen.

Ursprung des Modells
Als Begründerin des TZI-Modells gilt Ruth Cohn (Psychoanalytikerin, später Gestalttherapeutin, die sich der Kommunikation und den Vorgängen in Gruppen und Teams zuwandte). Bereits zu Beginn der 60er-Jahre wurde in Wirtschaftsunternehmen mit dem Modell der TZI gearbeitet. Der Ansatz fand in betrieblichen Seminaren oder Workshops immer mehr Verbreitung. Mit der Methode der TZI können Themen und Gespräche jeglicher Art behandelt und organisiert werden – es eignet sich hervorragend zur Behandlung betrieblicher Aufgabenstellungen. Auch wenn es sich dabei

um ein theoretisches Modell handelt, so vermittelt es ein sehr praktisches Wissen über die konkrete Arbeit und Kommunikation in Gruppen.

3.4.1 Details des Modells

Das Modell der TZI trägt als Kerngedanken in sich, dass die Balance in der Gruppenarbeit und -kommunikation immer wieder hergestellt werden muss, um optimale Ergebnisse für alle zu erzielen. Die Ganzheit eines Lern- oder Arbeitsprozesses wird in der TZI mit einem Symbol eines Dreiecks in einer Kugel dargestellt und enthält folgende Aspekte:

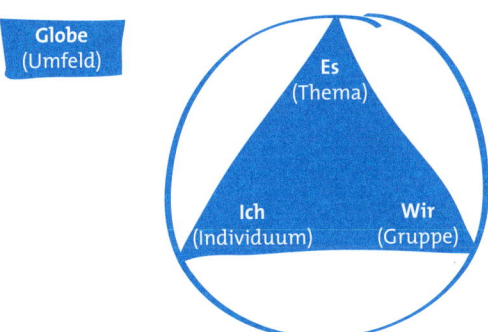

Die Ausgeglichenheit der Ebenen ist wichtig

Innerhalb dieser vier Aspekte Ich, Gruppe, Thema und Globe sollte die Balance so gut es geht ausgeglichen werden. Für eine optimale Zusammenarbeit und effiziente Gespräche bedeutet das nun folgendes:

→ Jeder einzelne Teilnehmer sollte sich innerhalb des Prozesses wohlfühlen, seine Individualität gehört jederzeit erkannt und bewahrt. Vor allem trägt jeder Einzelne durch seine Fähigkeiten, seine Persönlichkeit und sein Verhalten zum Prozess bei – und das immer auf seine Weise.

→ Die Gruppe muss sich entwickeln, um etwas zu erreichen und tut dies durch Interaktionen als Folge ihrer Kultur, Kommunikation und Dynamik. Jeder Einzelne ist hier Teil der Gruppe, die zum einen räumlich und zeitlich zusammen ist. Eine Gruppenzugehörigkeit kann sich aber zum andern auch durch Verbundenheit zum gemeinsamen Thema ergeben, sodass ein Teilnehmer einer Besprechung sich gleichzeitig als Repräsentant seines Projektteams fühlen wird. Das für die Erreichung einer gemeinsamen Sache wichtige „Wir-Gefühl" entwickelt sich, wenn neben den individuellen Faktoren eines jeden ein ausreichend großes Bewusstsein der Gemeinsamkeit entstanden ist und bewahrt wird. Dazu kann konstruktive Kommunikation einen großen Beitrag leisten.

→ Schließlich und vor allem muss und will man in der Sache weiterkommen. Es dreht sich um Anliegen, Aufträge und Ziele in der Arbeit, die erreicht und umgesetzt werden wollen. Die Arbeitssituation ist optimal, wenn alle Individuen in ihrer Zusammenarbeit als Gruppe die Aufgabe gleichsam als eigenes Anliegen wahrnehmen und sich darauf konzentrieren. Das Zusammentun in

„Grüppchen" (Einzel-Wirs) oder positionieren von Einzelpersonen („Ichs") ist häufig die Folge davon, das Thema nicht als das eigene wahr und ernst zu nehmen. Schnell finden „Spielchen" mit dem Ziel statt, sich gegenüber der anderen Gruppe durchzusetzen, anstatt gemeinsam an einer gemeinsamen Lösung zu arbeiten.

→ Zugleich ist eine Arbeitsgruppe Teil der (beruflichen) Realität und existiert innerhalb der Rahmenbedingungen, in denen sich jeder befindet und die nicht außer Acht gelassen werden dürfen. Die Bedingungen sind vielfältig und beziehen sich z. B. auf die Räumlichkeiten, den Zeitaspekt, technische Bedingungen, finanzielle Mittel bis hin zu sozialen oder ökologischen Aspekten.

Die TZI beruht auf der Hypothese, dass die drei Aspekte des Dreiecks gleichwertig sind und zudem der gegenseitige Einfluss der Gruppe und des Umfelds beachtet werden muss. Die drei Pole stehen also in ständiger Beziehung zueinander und zum Umfeld und existieren in gegenseitiger Abhängigkeit.

Es braucht Klarheit in den Ebenen

Die Ebenen klar zu trennen und Vermischungen zu vermeiden ist eine Herausforderung. Hier ein Beispiel – bestimmt haben Sie schon einmal etwas Ähnliches erlebt oder gehört: Jemand lehnt einen Vorschlag eines anderen ab, nur weil dieser vor ein paar Tagen eine Anfrage um Unterstützung abgelehnt hat, die jedoch durchaus gerechtfertigt war. Hier wird ein persönliches Problem in die Wir-Ebene gezogen, ohne dass andere dies tatsächlich erkennen können. Gerne wird auch ein Wir-Problem auf der Sachebene ausgetragen, indem beispielsweise Gruppen gebildet werden, die nun gegeneinander vorgehen und jedes Wort mit dem Argument, konkretisieren zu wollen, auf die Goldwaage legen.

Solche Vorgänge sind uns in der Regel nicht bewusst und können die Atmosphäre und die Zusammenarbeit erheblich beeinträchtigen. Das Modell der TZI hilft dabei, uns dieser Überschneidungen bewusst zu werden, indem sich alle im Gespräch immer wieder fragen und ansprechen, auf welcher Ebene sich eine Äußerung scheinbar und tatsächlich befindet.

Gespräche benötigen Leitung

Es ist einerseits Sache des Leiters einer Gruppe (Moderator, Vorgesetzter, Projektleiter, Trainer, Berater), auf das Gleichgewicht dieser Aspekte zu achten und dieses bei Störungen durch geeignete Interventionen wieder herzustellen. Zugleich wird aber auch jeder Einzelne aufgefordert, nach seinen Möglichkeiten zu diesem Gleichgewicht beizutragen.

Das Gleichgewicht der drei Aspekte stellt sich in der TZI als dynamische Balance dar, in der der ausgewogene Zustand nur vorübergehend erreicht wird und vom Leiter und den Beteiligten immer wieder neu angestrebt werden muss. Ausgeglichenheit als Idealzustand dient also als Orientierung – Sie sollten sie nicht als dauerhaften Zustand betrachten.

3.4.2 Postulate und Hilfsregeln der TZI

Die TZI arbeitet mit Postulaten und Hilfsregeln – mit ihnen wird die Methode lebendig und konkret umsetzbar. Diese Regeln der TZI sollten nicht schematisch oder dogmatisch übernommen werden, sie sind diskutierbar und benötigen die Grundhaltungen der beiden Postulate. Werden diese Grundhaltungen nicht gelebt, verkommen sie zu reiner Technik. Der passende Leitsatz lautet hier: „Hilfen sind Hilfen, wenn sie helfen", insofern entscheiden die Gesprächsteilnehmer gemeinsam darüber, was ihnen nützlich und hilfreich erscheint und was nicht.

Die beiden Postulate der TZI lauten:

Sei dein eigener Chairman bzw. Chairperson, das heißt:
- → übernimm Verantwortung für dein kommunikatives Handeln oder Nicht-Handeln. Damit ist jeder Vorsitzender seiner eigenen „inneren Gruppe", d.h. seiner Vorstellungen, Gefühle, Bedürfnisse, Werte, Absichten etc.
- → insofern sollte jeder zunächst seinen eigenen „Zustand" wahrnehmen und dann den der Umwelt, in der er sich befindet.
- → in der Folge kann nun jeder eigenverantwortlich entscheiden, was er in einer jeweiligen Situation für sich und andere tun will.
- → eine weitere Folge dieser Postulate ist, dass jeder auch die anderen als eigenverantwortliche Personen wahrnimmt. Deshalb ist der Einzelne nicht verantwortlich für den anderen, aber dafür, wie er anderen Anteilnahme und Hilfe anbietet und zuteilwerden lässt.
- → Das Postulat steht also auch dafür, nicht andere für die eigenen Gefühle und Handlungen verantwortlich zu machen – sondern (sich seiner selbst) bewusst und eigenverantwortlich zu handeln.

Störungen haben Vorrang, das heißt:
- → wenn jemand sich durch etwas gestört fühlt, wenn er betroffen ist, so ist er abgelenkt und kann dem Prozess bzw. Gespräch nicht mehr folgen.
- → Seine Energien sind an die „Störung" gebunden und derjenige fällt im Extremfall für den Prozess komplett aus.

Beispiel

Jemand ist Teilnehmer eines Seminars, erwartet aber eigentlich einen wichtigen Anruf, den er dann auch führen muss und der länger dauern wird. Entweder starrt er pausenlos auf sein Handy oder ist innerlich nervös, weil er gerade telefonisch nicht erreichbar ist. Vom Inhalt bekommt er nur wenig mit und ist nun insgesamt missmutig. Das wiederum stört die anderen Teilnehmer, die immer auf ihn warten müssen etc.

Insofern ist es einfach effizient, Störungen unmittelbar wahrzunehmen, anzusprechen und Lösungen zu entwickeln.

➜ Praxistipp:

! Nicht immer können Störungen (komplett) aufgelöst werden. Sie jedoch zuzulassen und als „Wahrheit" anzuerkennen führt häufig dazu, einen konstruktiven Weg zu finden, mit ihnen umzugehen.

! Das Postulat bedeutet nicht, dass jeder jederzeit stören darf wenn ihm danach ist – es wird des Öfteren als solches missverstanden. In erster Linie beginnt der Umgang mit Störungen für jeden damit, die eigene zu bemerken, anzunehmen und einen konstruktiven Weg zu finden, sich wieder dem Thema und dem Gespräch zu widmen. Findet der Einzelne keinen Weg mit der Störung umzugehen, kann diese in die Gruppe getragen werden – allerdings in angemessener, vorwurfsfreier Weise.

Beispiel

Anstatt also zu sagen:

„Könnten Sie hier nicht mal weniger schwafeln als vielmehr zum Punkt kommen?"

könnte folgende Formulierung die eigentliche Befindlichkeit vorwurfsfrei aufdecken:

„Ich bemerke gerade, dass Herr Schmitz und Frau Müller seit einiger Zeit die gleichen Argumente wiederholen. Das raubt uns meiner Ansicht nach Zeit, die ich lieber mit der Lösungsfindung verbringen möchte. Könnten wir aufschreiben, was wir in der Diskussion bereits erarbeitet haben, um Wiederholungen zu vermeiden?"

Hilfsregeln, die helfen

➜ Sei zurückhaltend mit Verallgemeinerungen.

➜ Vertritt dich selbst in deinen Aussagen; sprich per „ich" und nicht per „wir" oder per „man".

➜ Wenn du eine Frage stellst, sage, warum du fragst und was deine Frage für dich bedeutet. Sage dich selbst aus und vermeide das Interview.

➜ Sei authentisch und selektiv in deinen Kommunikationen. Mach dir bewusst, was du denkst und fühlst, und wähle, was du sagst und tust.

➜ Halte dich mit Interpretationen von anderen so lange wie möglich zurück. Sprich stattdessen deine persönlichen Reaktionen aus.

Statt also seinen Gesprächspartner zu fragen:

„Kann es ein, dass du ein Problem damit hast, Entscheidungen zu fällen?" wäre es hilfreicher und sicherlich einfacher für den anderen anzunehmen, wenn die Aussage lauten würde:

„Ich merke, dass ich unruhig werde, wenn wir in dieser Frage heute keine Entscheidung fällen. Wir reden nun schon seit zwei Stunden über dieses Thema und ich muss das Ergebnis morgen im Gremium präsentieren. Wir würden alle nicht in einem guten Licht dastehen, wenn wir hier heute ohne Ergebnis heraus kämen. Wie seht ihr das?"

→ Eine einfache Grundregel hierbei lautet immer: Jeder spricht für sich selbst! Wenn man nicht sicher ist, was der andere gesagt hat, kann man nachfragen.

→ Beobachte Signale aus deiner Körpersphäre und beobachte diese auch bei anderen Teilnehmern.

3.4.3 Tipps zur TZI in der Praxis

Einfache Gespräche, Besprechungen, Workshops usw. lassen sich durch das Wissen über die TZI erheblich verbessern. Nicht alle Regeln müssen wörtlich übernommen werden, sie können aber die Grundlage für einen anderen Umgang untereinander bilden. Wie können Sie die TZI nun in der Praxis anwenden?

Erste Möglichkeit: Sie wenden die Grundhaltung „allein" an, und führen in diesem Sinne Ihre Gespräche.

Egal wo und mit wem Sie Gespräche führen, in allen spielen die drei Ebenen der TZI eine Rolle. Nun ist es sicherlich nicht immer möglich und sinnvoll, z. B. vor Gesprächen mit Kunden, die Beteiligten in die TZI einzuweisen. Dies sollte Sie jedoch nicht davon abhalten, die Postulate und Hilfsregeln als Gesprächsbasis zu nehmen und anzuwenden. Der Verlauf des Gespräches wird durch Ihre Grundhaltung auf jeden Fall positiv beeinflusst und Sie sind aufgeschlossener Ihren Gesprächspartnern gegenüber. Vor allem sind Sie sich klarer über sich selbst und Ihr Gesprächsverhalten – Sie sind sich also quasi Ihrer selbst bewusst.

Mit der TZI Konflikten oder Streits konstruktiv begegnen – Wie kann das gehen?

Wenn Sie sich in Ihren Gesprächen über die drei Ebenen bewusst sind, fällt es Ihnen z. B. viel leichter, Bemerkungen von anderen nicht immer sofort persönlich zu nehmen. Sie erkennen, dass der andere, genauso wie Sie, seine Aussagen auf Basis „seines Globes" trifft und aufgrund dessen mit Ihnen in Beziehung (ins Wir) tritt. So kann schlechte Laune z. B. einfach nur etwas mit dem Gesprächspartner oder seiner Arbeit zu tun haben, nicht aber mit mir.

> **Beispiel**
>
> Ich habe mich vor Kurzem mit einem Bekannten verabredet und wir waren uns über die Stadt, aber noch nicht über den konkreten Ort (Kneipe, Café etc.) einig. Nun kannte ich mich in der Stadt aus und so lag es auf der Hand, dass ich etwas Passendes aussuche – dachte ich. Allerdings stritten wir uns regelrecht diverse Minuten (eigentlich unnötig) über den Ort, bis mein Bekannter einlenkte, dass das Gespräch wohl heute keinen Sinn mehr machen würde. Sie können sich meine Verwirrung vorstellen, zumal er keine Gründe nannte. Diese folgten am nächsten Tag und sind typisch für Globe-Infos, die zunächst nicht bekannt sind: Mein Bekannter hatte besonders schlechte Laune, die er nun in das Gespräch hineintrug – er war leider zwei Tage zuvor entlassen worden. Nun fehlte ihm natürlich die rechte Lust für das Treffen und er wollte mich nicht mit diesem Thema belasten. Anstatt dies aber am Abend zuvor konkret zu sagen, brach er lieber einen Streit vom Zaun, um dieses Treffen zu verhindern. Nun, zum Glück kam das Treffen dennoch zustande!

Zweite Möglichkeit: Das Modell in Gesprächen gemeinsam nutzen – die Beteiligten lernen TZI kennen

Es liegt auf der Hand: Wenn alle Beteiligten einer Besprechung oder eines Workshops das Modell mit den verschiedenen Interaktions-Ebenen (Sach-, Ich- und Wir-Ebene und Globe) im Kopf haben, verstehen und sich auch darin wiederfinden können, ist es möglich, damit konstruktiv zu arbeiten. Es ist sicherlich sinnvoll, die Regel und Grundannahmen zu visualisieren (z. B. auf Flipchart) und zusätzlich allen als Datei zur Verfügung zu stellen.

Wenn nun alle die Grundannahmen und Regeln weitgehend verinnerlicht haben, geht es nun darum, sie auch tatsächlich in der Praxis anzuwenden. Sie können auch überlegen, ob und wie Sie die Rolle des Gesprächsleiters verteilen.
Bleiben Sie in jedem Fall geduldig: Es kann ein Weilchen dauern, bis es klappt. Alles Neue muss sich erst einspielen und ein wenig zur Routine werden.

Die Begrifflichkeiten der TZI für die Klärung verwenden

Wenn alle die gleiche Sprache sprechen, ist die Verständigung immer viel einfacher. Mit einem Modell wie der TZI haben alle Beteiligten gemeinsame Begriffe zur Verfügung, mit denen sie sich sachlich und ohne hochkochende Emotionen verständigen können.
Wenn ein Gespräch zum Beispiel ins Stocken gerät und man nicht mehr vorwärts kommt, kann einer in die Runde fragen: *„Mir ist gerade gar nicht mehr klar, auf welcher Ebene wir uns eigentlich befinden. Wie seht ihr das?"* und alle wissen, wovon derjenige spricht.

Zu guter Letzt

Wie immer in der Kommunikation kann auch das Modell der TZI nicht für immer funktionierende und stets konstruktive Gespräche garantieren – sie stellt jedoch einfache Werkzeuge dafür zur Verfügung.

→ **Praxis**tipp:

! *Denken Sie auch daran, von Zeit zu Zeit zu prüfen, ob und in wieweit sich Ihre Gesprächs- und Besprechungskultur mit der TZI verändert und verbessert hat.*

! *Fragen Sie nach, wie die Beteiligten die Gespräche erleben, was allen leicht fällt und womit noch Probleme bestehen.*

! *Erarbeiten Sie, wie diese Probleme gelöst werden können – am besten mit den Regeln der TZI!*

3.4.4 Übungsaufgaben zur themenzentrierten Interaktion

→ **Übung 9**

Wenn Sie einem Kollegen oder einer Kollegin nun erklären wollten, was die Essenz aus der themenzentrierten Interaktion für berufliche Gespräche ist – wie würden Sie dies in vier bis fünf Sätzen formulieren? Bitte notieren Sie auf einem Blatt Papier ...

→ **Übung 10**

Die TZI im beruflichen Alltag umsetzen

Schritt 1: Vergegenwärtigen Sie sich Ihre beruflichen Gesprächssituationen wie Mitarbeitergespräche, Besprechungen allgemein, Projekt-Meetings, Verhandlungen mit internen oder externen Kunden etc. und gehen die Fragen in Ruhe durch. Notieren Sie Ihre Ergebnisse:

? *Welche dieser Gespräche führen Sie auf Basis von Gesprächsregeln?*

? *Sind diese Regeln „öffentlich", kennen alle Gesprächspartner diese Regeln?*

? *Oder sind diese Regeln Ihre persönlichen Regeln, die Sie als Basis für Ihre Gespräche als Grundhaltung umsetzen?*

→ **Übung 10**

Werden diese Gespräche (auch die Zweier-Gespräche) moderiert bzw. geleitet? Wenn ja, woran erkennen Sie das? Was tut die leitende Person für eine gute Gesprächs-Atmosphäre und Effizienz? Wie verhindert sie dies?

Beschreiben Sie doch einmal mit drei Adjektiven: Wie verläuft die Gesprächsleitung?

Wie verhalten sich die anderen Beteiligten und Sie selbst? Übernimmt jeder Verantwortung für seine Rolle in dem Gespräch? Woran erkennen Sie das? Oder wird sie auf jemand anderen (z. B. die leitende Person) „abgewälzt"?

? *Werden von den anderen Unannehmlichkeiten/Störungen angesprochen?*

Schritt 2: Was halten Sie aufgrund dieser Überlegungen in Ihren Gesprächen für dringend verbesserungswürdig, auf jeden Fall verbesserungswürdig, weniger dringend aber dennoch verbesserungswürdig? Was sollte stattdessen sein?

Dringend verbesserungswürdig: _____

Stattdessen: _____

Auf jeden Fall verbesserungswürdig: _____

Stattdessen: _____

Weniger dringend aber dennoch verbesserungswürdig: _____

Stattdessen: _____

Schritt 3: Wie könnte das erreicht werden?

Was können Sie nun konkret tun und in die Wege leiten, um Ihre Überlegungen in die Tat umzusetzen? Was können Sie allein tun? Wen müssten Sie mit ins Boot holen? Was würde Sie daran hindern es umzusetzen und wie können Sie diesen berechtigten Einwänden begegnen?

4 Einfach bessere Gespräche führen – mit den passenden Gesprächstechniken

Der Begriff „Techniken" klingt so, als ob man in Gesprächen etwas technisches und damit nicht-menschliches anwendet, was dann aber erfolgreich sein soll. Das ist nicht gemeint, sondern hinter Technik verbirgt sich das Folgende: Gesprächstechniken haben alle zunächst etwas gemeinsam – es geht dabei immer um eine innere Einstellung oder Grundhaltung.

Ohne diese innere Einstellung würde eine Technik eben genau auf diese reduziert und kann deshalb nicht wirken.

Beispiel

Ein Teilnehmer eines Schlagfertigkeitsseminars wirkte am ersten Tag leicht „geladen" und sagte, er sei im Seminar, um die diplomatischen Techniken erlernen zu wollen. Er würde eher die Tendenz zum „Draufhauen" haben, was ihm nicht immer Vorteile brächte. Immerhin, eine weise Selbsterkenntnis.

Nun erprobten wir genau diese Reaktionsmöglichkeiten im Verlaufe des Seminars, er jedoch wurde „immer geladener". Die Stimmung schlug ins Seminar über und im Vieraugen-Gespräch sagte er mir, er wolle doch nun endlich lernen, der Sieger zu sein und zu gewinnen, aber dennoch sanft und diplomatisch rüberzukommen.

Ich hätte gerne laut losgelacht – ahnen Sie warum? Wie denken Sie über die Vereinbarkeit dieser Wünsche? Welche innere Haltung hat derjenige und wie äußert sich diese in seiner Art, in konfliktreichen Situationen zu reagieren?

Nur so viel: Wenn Ihre innere Haltung z. B. auf Kampf und Gewinnen ausgerichtet ist (womit Ihr Gegenüber zwangsläufig verlieren soll), wird sich das in Ihrem körpersprachlichen, stimmlichen und sprachlichen Verhalten spiegeln – da helfen auch keine diplomatischen Schlagfertigkeitstechniken weiter. Ihr Gegenüber wird dies registrieren und möglicherweise ähnliche Register ziehen und schon ist eine Auseinandersetzung vorprogrammiert. Druck erzeugt Gegendruck, das weiß jeder. Wer so kommunizieren möchte, kann sich gezielt dafür entscheiden, wir haben immer die Wahl. Und selbst wenn der andere in die Defensive geht, wird sich das auf die Beziehung auswirken, oder?

Ich vertrete die Meinung, dass man sich nur der möglichen Konsequenzen seiner (sprachlichen) Handlungen bewusst sein sollte. So braucht sich niemand darüber zu wundern, wenn der Gesprächspartner etwas anderes tut, als man es sich gewünscht hat.

Ziele des Kapitels

Nun, wenn Sie sich bewusst dafür entscheiden, Gespräche und Verhandlungen mit einem guten Ergebnis und in einem angenehmen Klima zu führen, lohnt sich das Kennen und Können der folgenden inneren Haltung und den damit verbundenen „Techniken". Insbesondere, wenn Sie die Beziehung zu Ihren Gesprächspartnern am Ende positiv aufrechterhalten möchten. Die Techniken sind vor allem präventiv, indem sie Probleme und Konflikte zunächst verhindern helfen.

Wir alle wissen, dass dennoch nicht alle Gespräche immer gut laufen – trotz Prävention. Wenn also dennoch etwas schief laufen sollte, benötigen Sie Techniken, um das Gespräch wieder aufnehmen und die Beziehung aufrechterhalten zu können. Solche Techniken lernen Sie in diesem Kapitel kennen und bekommen die Gelegenheit, diese zu üben.

4.1   Fragen

Wer fragt, der führt. Nahezu jeder hat diese Aussage über das Verwenden von Fragen schon einmal gehört. Wissen Sie, was ich denke? Es ist nicht (immer) entscheidend, die Führung zu haben! Aus eigener Erfahrung kann ich sagen: Entscheidend ist, die richtigen Fragen, im richtigen Maß, zum passenden Zeitpunkt zu stellen und damit sein Gespräch zu einem guten Ergebnis zu bringen! Und das sollte meiner Ansicht nach das Ziel sein. Wenn Führung gefragt ist, dann sind steuernde Fragen die passenden. Zu viel Führung kann aber auch schädlich sein – z. B. von jemandem, der nicht geführt, sondern verstanden werden will!

Wozu dienen Fragen?

Fragen sind Werkzeuge für ein Gespräch – sie bringen uns Informationen, regen den Gesprächspartner zum Denken in eine bestimmte Richtung an, schenken Wertschätzung (siehe die Fragen beim aktiven Zuhören im Abschnitt 4.3), rufen Aufmerksamkeit hervor, motivieren oder drücken eine Bitte aus und können ein Gespräch in eine bestimmte Richtung lenken. Es gibt also unterschiedliche Typen von Fragen und wir tun gut daran, diese zu kennen und gezielt einzusetzen. Diesen gezielten Einsatz von Fragen bezeichnet man auch als Fragetechnik.

➡ *Praxistipp:*

Vermeiden Sie beim Fragen folgendes:

! *Eine Frage zu häufig hintereinander zu stellen: Die Frage ist dann nicht mehr wirkungsvoll. Wechseln Sie deshalb die Art der Fragen innerhalb Ihres Gesprächs. Welche Fragen wann sinnvoll sind, zeigt Ihnen das Modell des Fragetrichters in diesem Kapitel.*

! *Frageketten zu bilden, indem Sie zu viel am Stück fragen:* Es erzeugt Abwehr beim Gesprächspartner und den Eindruck eines Verhörs, insbesondere bei geschlossenen Fragen (siehe unten).

! *Fragemonologe zu halten, in denen Sie zuvor „erst lang und breit erklären", warum Sie etwas fragen:* Sie sind wenig hilfreich und verwirren Ihren Gesprächspartner, der nicht weiß, worauf Sie hinauswollen.

! *Die eigene Meinung zu deutlich über die Art der Frage kundzutun und mögliche Antworten oder Meinungen des anderen vorwegzunehmen:* Sie riskieren, nicht die ungefilterte Meinung Ihres Gesprächspartners zu erhalten, indem Sie ihm den dazu nötigen Freiraum nehmen.

Wichtige Ausnahme: Sie befinden sich mit Ihrem Gesprächspartner in einer schwierigen Situation und möchten ein unangenehmes Gefühl vorwegnehmen, das Sie befürchten, beim anderen auszulösen. Dann kann das Vorwegnehmen des Gefühls eine gute Strategie sein, die Verletzung oder möglichen Ärger beim anderen zu reduzieren oder erst gar nicht entstehen zu lassen.

Beispiel

Der Chef sagt zu einer Mitarbeiterin: *„Möglicherweise werden Sie jetzt nicht gerade begeistert sein, Frau Weber, ich weiß. Ich möchte Sie um etwas wichtiges bitten: Wäre es möglich, dass Sie morgen Nachmittag die Spätschicht für Frau Fischer übernehmen? Sie hat sich gerade krank gemeldet und ich bekomme so schnell keinen Ersatz im Service-Center ..."*

Kommen wir nun zu der entscheidenden Frage:
Welcher Frage-Typ erzeugt welche Wirkung und sollte deshalb wann von Ihnen eingesetzt werden?

4.1.1   Die unterschiedlichen Fragetypen

Offene und geschlossene Fragen

Die ersten beiden Fragetypen bilden die Grundform: Sie unterscheiden sich darin, ob Sie von Ihrem Gesprächspartner viele Informationen bekommen möchten und dieser einen sowohl inhaltlich als auch zeitlich hohen Freiheitsgrad bei seiner Antwort hat, oder ob Sie eine konkrete Antwort bekommen möchten und Sie den Freiheitsgrad damit zeitlich und inhaltlich eher gering halten wollen. Außerdem stellt sich die Frage, wie viel Struktur Ihr Gespräch zum aktuellen Zeitpunkt benötigt.

Denn ...

... offene Fragen „öffnen" den Gesprächspartner und regen ihn an, mehr von sich zu erzählen.

Vorteile:	Sie erhalten Informationen und Stimmungen, die Sie gut verarbeiten können.
Nachteile:	Das Gespräch kann damit zeitlich aus dem Ruder laufen oder in ein Thema abdriften, das nicht angedacht war. Allerdings bietet dies wiederum die Gelegenheit, Informationen zu bekommen, an die Sie zunächst gar nicht gedacht hatten.
Wann anwenden?	Öffnende Fragen sind, wie der Name schon sagt, ein guter Gesprächs(er)öffner. Außerdem sind sie immer dann gefragt, wenn Sie ungefilterte Informationen erhalten wollen, vor allem solche, die Sie (noch) nicht erwartet hatten. Bedenken Sie außerdem, dass man natürlich auch auf eine offene Frage einsilbig antworten kann. Wie immer in der Kommunikation erhalten Sie keine Garantie, dass das offene Angebot auch angenommen wird. Aber die Chancen steigen mit der richtigen Art zu fragen!

> **Beispiele für offene Fragen**
> → Wie sind Sie denn zu Ihrem aktuellen Job gekommen?
> → Wie schätzen Sie Ihre Präsentation von gestern ein, Frau Schneider?
> → Woran machen Sie fest, dass sich in der Abteilung die Stimmung verschlechtert hat?
> → Welchen Anlass hatten Sie, im November letzten Jahres den Job zu wechseln?

Geschlossene Fragen schließen eine Gesprächssequenz ab und geben dem Gesprächspartner wenig Gelegenheit, frei von sich zu erzählen. In der Regel haben Sie als Fragender bereits eine vorgefasste Meinung oder Hypothese zu einer Sache und wollen diese nur noch bestätigt bekommen.

Vorteile:	Sie erhalten relativ vorhersehbar die Antwort, die Sie erwarten, denn auf eine schließende Frage sind in der Regel nur zwei Antworten möglich, z. B. Ja oder Nein. Geschlossene Fragen geben dem Gespräch Struktur und kürzen Entscheidungsprozesse ab. Die Antworten sind kurz, prägnant und auf den Punkt.
Nachteile:	Das Gespräch kommt mit diesem Fragetyp nicht in Fluss bzw. läuft es nur schwer weiter. Schnell fühlt sich Ihr Gesprächspartner ausgefragt, insbesondere, wenn Sie diesen Fragetyp mehrfach hintereinander verwenden. Das führt häufig zu Aggression auf der Gegenseite – schließende Fragen hinterlassen eben schnell den Eindruck, verhört zu werden.

Wann an- wenden?	Wenn Sie zügig erfahren wollen, ob Ihr Gesprächspartner einer Sache zustimmt oder sie ablehnt ist dies die ideale Frageform. Sie kreist eine Sache ein oder bringt sie auf den Punkt. Auch zur Abstimmung ist sie gut geeignet oder um prozessartig Informationen abzufragen, die logisch aufeinander folgen. Wenn Sie letzteres im Sinn haben, z. B. am Telefon einer IT-Hotline oder als Arzt bei einer Untersuchung, kündigen Sie dies zuvor am besten an. So vermeiden Sie Groll über die „Verhörsituation" und Ihr Gesprächspartner hat Verständnis für Ihre Art zu fragen.

Beispiele für geschlossene Fragen versus offene Fragen

→ „Sollen wir jetzt eine Pause machen?" anstatt „Wie sollen wir nun mit den Pausenzeiten umgehen?"

→ „Kommst du morgen zur Sitzung?" anstatt „Was machst du morgen Vormittag?"

→ „Möchten Sie lieber Tee oder Kaffee?" anstatt „Was möchten Sie gerne trinken?"

→ „Würde Ihnen der Tisch am Fenster gefallen?" anstatt „Wo möchten Sie gerne sitzen?"

Auch die Alternativ-Fragen zähle ich zu den geschlossenen Fragen, weil sie nur zwei bis maximal drei Alternativen zulassen. Die Frage nach dem Getränk oben ist beispielsweise eine solche. Hierzu zählen auch:
„War Ihr Urlaub entspannend oder hatten Sie diesmal richtig Aktion?"
„Wann passt es Ihnen besser: am Mittwochmorgen oder am Freitagnachmittag?" (Ein Verkaufsklassiker, um Kundentermine zu bekommen!)
„Möchtest du lieber abwaschen oder staubsaugen?"

→ **Praxistipp:**

! Bedenken Sie, dass Sie mit der Alternativ-Frage die Kontrolle über die Wahlmöglichkeiten haben und gleichzeitig stark damit einengen.

! Überlegen Sie Ihre Alternative, wenn der Gefragte auf Ihre (beiden) Alternativen nicht eingehen sollte!

Zielführend fragen mit dem Modell des Fragetrichters

Mit Fragen verfolgen Sie ein bestimmtes Ziel, sie werden nicht um ihrer selbst willen gestellt. Zum Verständnis, welche Fragen in einem Gespräch an welcher Stelle sinnvoll sind, eignet sich das Modell des Fragetrichters.

Zu Beginn eines Gespräches ist vieles noch nicht klar, die meisten Dinge sind noch offen und Sie und Ihr Gesprächspartner wollen diverse Themen ansprechen. Der Trichter ist noch weit und kann vieles aufnehmen – am besten mit offenen Fragen! Der Befragte holt also in dieser Phase mitunter weiter aus und der Fragende bekommt reichhaltig Informationen. Im Verlauf des Gespräches wird dann vieles konkreter: Sie filtern spezielle Informationen heraus und das Gespräch verdichtet sich, die Konzentration liegt auf den wesentlichen Punkten. Dies gelingt Ihnen am besten mit Fragen, die schließender sind und mehr fokussieren. Am Ende sollte dann für beide ein möglichst eindeutiges Ergebnis stehen. Stellen Sie also abschließend eine geschlossene Frage. Das Trichter-Modell stellt diese Phasen in einer Zweier-Einteilung noch einmal im Überblick dar:

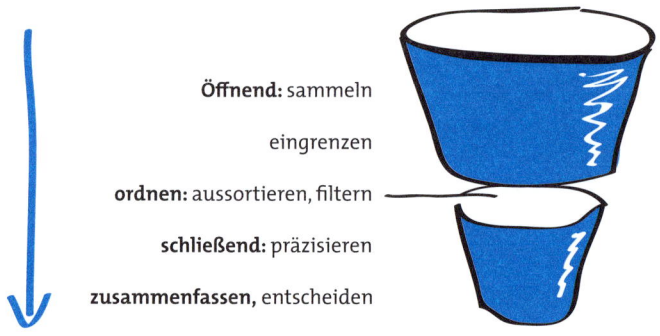

Öffnend: sammeln

eingrenzen

ordnen: aussortieren, filtern

schließend: präzisieren

zusammenfassen, entscheiden

➜ *Praxis*tipp:

zum Fragen im Gesprächsverlauf:

! *Stellen Sie zu Beginn keine bis wenige geschlossene Fragen. Sie engen zu sehr ein und bieten zu wenige Informationen.*

! *Beginnen Sie ab einem bestimmten Zeitpunkt, einzugrenzen und Zwischenergebnisse zusammenzufassen. Das Gespräch droht ansonsten zeitlich aus dem Ruder zu laufen und ohne Ergebnis zu enden.*

! *Enden Sie mit einer Zusammenfassung des Ergebnisses, auch des vorläufigen! Geschlossene Fragen helfen dabei, wie bei diesem Beispiel:*

! *„Also halten wir fest – Herr Weber schreibt das Protokoll und schickt es bis Freitag rum, Frau Müller informiert sich bezüglich der Preise für die Mappen und schickt das Ergebnis an Herrn Weber und ich werde die Preise für die Raummiete im Dezember in Erfahrung bringen und ebenfalls an Herrn Weber schicken. Das alles machen wir terminlich so, dass Herr Weber die Infos für Freitag mit ins Protokoll aufnehmen kann. Hat jemand noch Ergänzungen?"*

→ **Übung 11**

Wandeln Sie folgende geschlossene Fragen in eine offene Frage um:

1. Hast du gestern Nachmittag noch lange gearbeitet?

Offene Frage:

_____

2. Brauchen Sie eine Pinnwand für das Seminar?

Offene Frage:

_____

3. Haben Sie noch Fragen?

Offene Frage:

_____

4. Gefällt Ihnen die Präsentation?

Offene Frage:

_____

→ **Übung 12**

Wie würden Sie hier fragen?

Situation 1: *Eine 1-tägige Sitzung soll durch eine Mittagspause unterbrochen werden. Sie möchten zügig herausfinden, wie die Teilnehmer die Pause gestalten wollen bzw. wie das Mittagessen gestaltet und organisiert werden soll (Kantine, Bestellung, jeder wie er mag etc.) Wie steigen Sie ein und welche Frage(n) stellen Sie?*

Situation 2: *Ein Mitarbeiter wirkt in letzter Zeit abgeschlagen und erschöpft. Er kommt häufiger zu spät, was zuvor noch nie passiert ist. Sie als Vorgesetzte(r) möchten das in einem 4-Augen-Gespräch klären. Der Mitarbeiter hat bereits Platz genommen und Sie haben ihm ein Getränk angeboten. Mit welcher(n) Frage(n) eröffnen Sie nun das eigentliche Gespräch?*

→ **Übung 12**

Situation 3: *Sie benötigen für ein Konzept Unterstützung eines Kollegen zum Thema Arbeitsrecht. Das Konzept muss in 2 Tagen fertig sein und Sie hatten auf die Hilfe einer Kollegin gebaut, die aber nun für einen kranken Kollegen einspringen musste und auf Geschäftsreise ist. Ihr Kollege mit der entsprechenden Fachkenntnis ist gerade in seinem Büro und tippt rege auf seiner Tastatur. Wie fragen Sie ihn?*

Sie haben nun die Grundformen bzw. die Frage-Klassiker kennengelernt. Es gibt natürlich noch weitere spezielle Fragearten. Einige davon sind „besonders", weil sie beim Gesprächspartner einen bestimmten „Denk-Fokus" eröffnen. Steigen Sie also noch ein wenig tiefer in die Welt des guten Fragens ein ....

Frageart 1: Echo-Fragen

„Wenn du so unpräzise fragst, musst du dich nicht wundern, wenn der Müller dir so eine blöde Antwort gibt." – „Unpräzise?" – „Ja, die Frage, Wer sagt das?' hilft dir doch in dieser Sache gar nicht weiter, ..."

Es kommt sicherlich häufiger vor, dass Ihnen in einem Gespräch nicht genau klar ist, was Ihr Gegenüber tatsächlich meint. Hier eignet sich eine Frageart, die von Doris Märtin in ihrem Buch SMART-Talk (2006) als Echo-Frage bezeichnet wird. Aber auch in Situationen mit emotionalem Gehalt, gerne gepaart mit unzulässigen Verallgemeinerungen, ist diese Art zu fragen äußerst erfolgversprechend.

Themen präzisieren

Beispiel
„Mir ist rätselhaft, wie Sie es schaffen wollen, den Umsatz in so kurzer Zeit um 7 % zu steigern." – „Rätselhaft?" – „Ja, für mich ist nicht nachvollziehbar, wie aus einer Zielgruppenanalyse so viel mehr Umsatz folgen kann ..."

Ein kurzer unvollständiger Satz als Frage formuliert („Rätselhaft?") reicht aus, um hier den Gesprächspartner zu veranlassen, sich präziser auszudrücken. Das eigentlich Besondere an der Frageart ist aber, dass sie die Schärfe der Situation reduziert und damit einen möglichen Konflikt vermeidet.

Unklarheiten klären

In den folgenden Beispielen drückt sich jemand vage aus oder benutzt eine unverständliche Fachsprache:

Beispiele

→ *„Das war ja mal ein interessantes Meeting!"* – Echo-Frage: *„Interessant?"* – *„Allerdings, der Betriebsrat hat endlich damit herausgerückt, wann die Kurzarbeit beginnt und wie lange wir uns nun darauf einstellen können ..."*

→ *„Wir haben jetzt mit der Einführung der Transaktionsanalyse im HR-Department begonnen und wollen das in allen anderen Bereichen ausweiten."* Echo-Frage: *„Transaktionsanalyse? Im HR-Department?"* – *„Ja, du weißt doch, dass ich jetzt in der Personalentwicklung arbeite und speziell für die Weiterbildung der Führungskräfte zuständig bin. Meine Kollegen und ich waren doch letzte Woche bei einer Weiterbildung, in der es darum ging ..."*

Emotional geladene Situationen einschätzen

Typisch für „aufgeladene" Situationen ist, dass pauschale Urteile gefällt werden:

Beispiele

→ *„Immer ironisierst du alles!"* Echo-Frage: *„Immer?"* – *„Na, in letzter Zeit auf jeden Fall häufiger. Gerade noch, als ich dich gefragt habe ..."*

→ *„Es hilft doch nichts, wenn wir nun alle den Kopf in den Sand stecken und am Ende die Dummen sind!"* – Echo-Frage: *„Den Kopf in den Sand stecken?"* – *„Ja, wegschauen und nichts tun, anstatt uns über unsere Rechte zu informieren und z. B. einen Gesprächstermin mit dem Vermieter auszumachen."*

Frageart 2: Konkretisierende Rückfragen

Durch Echo-Fragen laden Sie Ihr Gegenüber ein, frei und nach eigenem Empfinden das Gesagte zu vertiefen und sich stärker selbst zu offenbaren. Mit konkretisierenden Rückfragen engen Sie den Spielraum der Antwort Ihres Gesprächspartners stärker ein, bleiben aber dennoch offen in Ihrer Art zu fragen.

__„Wie genau__ stellen Sie sich eine praktikable Lösung vor?"

Sie verwenden bei dieser Frageart die sogenannten W-Fragen, wobei nicht jedes Fragewort, das mit dem Buchstaben W beginnt, zu diesem Typ gehört! Wichtig ist auch, stimmlich besonders die Fragewörter zu betonen, um so die mögliche Schärfe aus den Fragen zu nehmen.

Folgendes Beispiel erläutert dies:

> **Beispiel**
>
> Innerhalb eines Mitarbeiter-Gesprächs können Sie die unterschiedlichen Fragewörter beispielsweise wie folgt einsetzen:
>
> → *„Was genau kann ich als Führungskraft dazu beitragen, Sie in dieser Phase gut zu unterstützen?"*
>
> → *„Wie würde die ideale Unterstützung für Sie aussehen, Frau Schneider?"*
>
> → *„Wer könnte Ihnen dabei unter die Arme greifen und Sie entlasten?"*
>
> → *„Woran würden Sie – sagen wir mal in 3 Monaten – erkennen, dass unsere heutigen Absprachen auch tatsächlich umgesetzt wurden?"*

Sie merken: Diese Fragen zielen stärker auf ein klares Ergebnis ab und haben einen leicht fordernden Charakter. Das ist ihre Stärke und Schwäche zugleich.

→ *Praxis*tipp:

! *Achten Sie unbedingt darauf, dass Ihre Stimme neutral bis neugierig klingt und nehmen jegliche (fordernde) Schärfe von vornherein heraus.*

! *Sie verhindern außerdem dadurch, dass der andere sich verschließt und halten so das Gespräch in Fluss.*

! *Dies gilt insbesondere, wenn Sie die konkretisierende Rückfrage für sogenannte Killerphrasen anwenden. Killerphrasen sind – häufig in Verallgemeinerungen verpackte – Kommunikationsschranken, an denen es kein Vorbei für das fortlaufende Gespräch zu geben scheint. Aber auch bei Vorwürfen funktioniert diese Frage-Art als Schlagfertigkeitstechnik.*

Dazu direkt einige Beispiele:

> Chef zur Mitarbeiterin im vorwurfsvollen Ton: *„Sie sind aber echt schwierig, Frau Becker!"* Frau Becker fragt konkretisierend zurück: *„Woran machen Sie das fest, Herr Schepp?"*

In einer Besprechung: *„So kann man die Frage aber nicht stellen, liebe Kollegin!"* – *„Was an meiner Frage gefällt Ihnen nicht, Herr Renard?"* Besser noch, um lösungsfokussierter vorzugehen: *„Welche Frage wäre Ihrer Meinung nach hier die passende, Herr Renard?"*

Ein Gespräch unter Kollegen: *„Das kann doch gar nicht klappen, das sieht doch jeder Depp!"* – *„Ah, und wie würde es deiner Meinung nach funktionieren?"*

➜ *Praxistipp:*

! *Vermeiden Sie auch jegliche Füllwörter, die hier die ohnehin schon aggressive Stimmung weiter aufladen könnten! Dazu gehören Ausdrücke wie „Interessant" am Satzanfang kombiniert mit einem ironischen Unterton oder das Wort „denn" in der Floskel „... und wie würde es denn deiner Meinung nach ...". Diese kleinen Wörter haben eine große und leider negative Wirkung – werden Sie sich dieser Füllwörter bewusst!*

! *Am besten überprüfen Sie zunächst, welche Sie davon selbst im Alltag „auf die Palme bringen". Streichen Sie sie aus Ihren Sätzen – Stück für Stück. Mit ein wenig Übung funktioniert das innerhalb weniger Tage!*

Frageart 3: Prozessfragen

„Welche Aspekte haben wir Ihrer Meinung nach noch nicht ausreichend beleuchtet?" Prozessfragen wie diese beleuchten den Ablauf eines Gespräches (hier z. B. eines Projektmeetings) – die Beteiligten betrachten mit dieser Art von Fragen, was bisher gelaufen ist, wo sie gerade stehen und wohin „die Reise nun gehen soll". Der Nutzen liegt auf der Hand: Alle werden in die Entscheidung und somit auch in die Verantwortung mit eingebunden. Insbesondere für Moderationen von Gruppen – in allgemeinen Besprechungen, Projektmeetings oder Workshops – ist diese Frageart unabdingbar. Allerdings müssen Sie auch damit rechnen, dass die „Reise" anders verläuft als Sie es sich überlegt hatten, schließlich stellen Sie eine relativ offene Frage. Andererseits: Was nützt Ihnen eine Reise in Ihrem Sinne, wenn Ihnen die anderen nicht folgen?

Weitere Beispiele:
➜ *„Wie sollen wir nun weiter vorgehen?"*
➜ *„Womit sollen wir in diesem Mitarbeitergespräch heute am besten einsteigen?"*
➜ *„Welche Pausenzeiten stellen Sie sich für die nächsten drei Tage vor?"*

➜ **Praxis**tipp:

Auch wenn Sie ehrlich an der Meinung der anderen interessiert sind:

! *Es kann hilfreich sein bei banaleren Angelegenheiten wie den Pausenzeiten, drei Optionen zur Wahl anzubieten, um die Entscheidungsfindung abzukürzen. Bei brenzligen Aspekten ist es manchmal besser, zunächst den Prozess komplett offenzuhalten und die Gruppe entscheiden zu lassen. Sie laufen sonst Gefahr, als neutraler Moderierender den Prozess zu sehr zu beeinflussen.*

Frageart 4: Reflektierende Fragen

„Ihre Leistungen haben sich im Bezug auf Ihre Sorgfalt leider verschlechtert." – „Heißt das, dass meine Leistungen in den anderen Bereichen gleich geblieben und sich sogar verbessert haben?"

Sie erkennen, worauf die Frage abzielt? Mit einer reflektierenden Frage fordern Sie Ihr Gegenüber dazu auf, einen Aspekt anders zu beleuchten und in einem besseren Licht zu sehen. Die Frage bringt also Aspekte ins Gespräch, die zuvor nicht betrachtet oder kaum erwähnt wurden – Sie lenken mit ihr das Gespräch in eine andere (und für Sie bessere) Richtung. Beispielsweise können Sie so darlegen, dass ein Problem nur einen Teil einer Sache betrifft, nicht aber die ganze.

Einige Beispiele dazu:

➜ *„Es ist ein großes Problem, dass das Budget für das Projekt nun aus dem Ruder läuft!" – „Sie denken also, dass das Projekt in allen andern Bereichen hervorragend läuft und Ihre Zustimmung findet?"*
➜ *„Ihrem Argument kann ich nicht folgen, was meinen Sie damit?" „Sie finden meine anderen 5 Argumente also einleuchtend und nachvollziehbar?"*

➜ **Praxis**tipp:

! *Flechten Sie doch diese recht unbekannte Art zu fragen demnächst in Ihre Gespräche ein – die Ergebnisse sind oft überraschend und positiv.*

! *Beachten Sie, dass diese Fragen das Gespräch möglicherweise verlangsamen und Zeit kosten.*

Sie merken sicherlich auch: Hier geht das Thema Fragetechnik eindeutig in die Kompetenz der Schlagfertigkeit oder das gekonnte Kontern über – zumindest so, wie ich das Thema verstehe und vertrete. Mehr Schlagfertigkeit finden Sie in der *Reihe: Pocket Business Training, Stockhausen, Anke; Schlagfertigkeit. Schnell reagieren – treffend antworten. Cornelsen 2009.*

Frageart 5: Hypothetische oder Als ob-Frage

„Mal angenommen, wir müssten nicht auf das Budget der Firma achten – für welche Weiterbildung würden Sie sich entscheiden und auch einen Teil Ihres Urlaubes investieren?"

Mit dieser Frage wird ein Szenario konstruiert – der Gefragte begibt sich gedanklich in seine hypothetische Zukunft und spielt mit einem Gedanken. Die hypothetische Frage löst also einen spielerisch-kreativen Denkprozess aus und das mit ernsthaftem Hintergrund! Durch die hypothetische Frage bekommt Ihr Gesprächspartner Gelegenheit, sich von hinderlichen Denk-Blockaden („zu teuer!") zu lösen und erhält Zugang zu den Dingen, die ihm tatsächlich wichtig sind.

Die Antwort auf die oben gestellte Frage würde zum Beispiel zeigen, worin die tatsächlichen Interessen und möglicherweise auch die Stärken des Mitarbeiters liegen, die jedoch durch den Gedanken *„Das bekomme ich doch ohnehin nicht genehmigt, das ist doch viel zu teuer."* blockiert werden. Jedoch weiß derjenige häufig gar nicht, ob diese Begrenzungen tatsächlich bestehen oder ob sein Wunsch nicht auf anderem Weg in Erfüllung gehen kann. Aufgrund der gedanklichen Eingrenzungen wird er jedoch oft erst gar nicht ausgesprochen, außer, jemand setzt bewusst die hypothetische Frage ein. In welchen beruflichen Situationen kann diese Frage noch hilfreich sein?

Hier einige Beispiele:

→ *„Stellen Sie sich einmal vor, Sie alle würden morgen den Auftrag bekommen, Ihr Büro so umzugestalten, dass Sie sich sowohl wohlfühlen als auch Ihre Telefonate hier im Service-Center gut führen können: Wie würde das konkret aussehen?"*
(Dies ist übrigens tatsächlich so passiert, worauf die Vorgesetzten die kompletten Arbeitsbedingungen so gut wie möglich den Wünschen der Mitarbeiter angepasst haben. Der Erfolg liegt auf der Hand, oder?)

→ *„Tun wir mal so, als ob Sie heute 70 Jahre alt wären. Mit welchem Gefühl schauen Sie auf Ihr Arbeitsleben zurück und wie haben Sie das erreicht?"*

→ *„Mal angenommen, die Seminarreihe ist im besten Sinne gelaufen, also erfolgreich abgeschlossen – was wäre dann herausgekommen?:*

> → *... für die Abteilung der Teilnehmer,*
>
> → *... für die Personalabteilung,*
>
> → *... und für das Unternehmen als Ganzes?"*
>
> Diese Frage versucht, den langfristigen Effekten einer Sache, in diesem Fall einer Weiterbildungsmaßnahme, auf die Spur zu kommen. Sie ist wichtig, um alle Bereiche und die möglichen Probleme VOR Beginn in die Planung mit einzubeziehen.

Weniger geeignet für ein Gespräch sind diese Fragearten:

Frageart 6: Rhetorische Fragen

→ *„Sollen wir uns mit dieser Frage noch länger beschäftigen oder nicht vielmehr den Fokus auf die Zukunft lenken? Ich meine wir sollten ..."*

→ *„Wer von Ihnen kennt nicht das Problem? Sie stehen morgens auf und schon ..."*

Rhetorische Fragen werden gestellt, um diese im Anschluss selbst zu beantworten – eine Antwort durch den Gesprächspartner ist hierbei nicht erwartet. Dosiert eingesetzt sind sie ein hervorragendes Mittel, um in Vorträgen und Büchern den Zuhörer bzw. Leser mit einzubeziehen. Für Gespräche sind sie aber wenig geeignet.

Frageart 7: Verhör-Fragen

→ *„Warum haben Sie sich nicht früher gemeldet?"* oder *„Und wieso kommen Sie erst jetzt damit?"*

→ *„Wollen Sie damit sagen, dass Sie 3 Jahre gebraucht haben Ihren Abschluss zu machen?"*

→ *„Konnten Sie nicht warten bis Ihr Kollege sich bei Ihnen meldet?"*

Wenn Sie so fragen, üben Sie auf Ihr Gegenüber Druck aus:

Sie bohren nach und bedrohen Ihr Gegenüber sogar leicht. Sie sind vielleicht interessiert an den Gründen Ihres Gegenübers, bringen dies jedoch nicht wertschätzend zum Ausdruck. Welche Reaktion rufen Sie damit hervor? Ihr Gesprächspartner windet sich wahrscheinlich entweder heraus, leistet Widerstand, hält dagegen oder sagt gar nichts – als natürlicher Reflex auf diese Fragen.

Wie geht es besser?

Wenn Sie wirklich an den Beweggründen Ihres Gegenübers interessiert sind, gibt es Fragen, die die Beziehung nicht gefährden und Interesse am anderen zum Ausdruck bringen. Etwa diese:

→ *„Sie hatten sicherlich gute Gründe, sich erst jetzt wegen der Sache bei mir zu melden. Welche sind das?"*

→ *„Wie kam es dazu, dass die Phase Ihres Studienabschlusses ...?"*

→ *„Welche guten Gründe hatten Sie, den Kunden anzurufen, bevor Ihnen Herr Schmidt die Informationen geben konnte?"*

Achten Sie wiederum sehr auf den entspannten und interessierten Klang Ihrer Stimme!

Frageart 8: Suggestiv-Fragen

→ *„Sie möchten doch sicherlich auch zu einem schnellen Ergebnis kommen, oder?"*

→ *„Sie wollen doch nicht sagen, dass unsere Preise überhöht sind und wir unsere Kunden übers Ohr hauen wollen?"*

→ *„Sie wollen doch sicherlich auch etwas für den Tierschutz tun?"*

Wer Suggestivfragen wie diese einsetzt, möchte eine bestimmte Antwort hören, in der Regel ein *Ja* oder ein *Nein*. Die Frage lenkt also den Zuhörer in eine bestimmte Richtung, die Antwort ist schon in die Frage hineingelegt. Die Folge daraus soll häufig der Kauf eines Produktes oder einer Dienstleistung sein, leider mit dem Charakter der Überrumpelung statt Überzeugung! Denn die Antwort erfolgt oft reflexartig und nicht aus einer Überzeugung heraus oder die Frage erzeugt Widerstand. Beides ist für Gespräche ungeeignet, da es das Vertrauen des Gesprächspartners missbraucht und damit die Beziehung belastet.

Wichtig:
Oft werden in rhetorischen Fragen subtil versteckte Botschaften eingeflochten, die moralischen Gehalt haben. Wer beispielsweise eine Frage wie in Beispiel zwei stellt, geht davon aus, dass der Gesprächspartner auf jeden Fall vermeiden will offenkundzutun, vom anderen betrogen zu werden. Der Ausdruck „übers Ohr hauen" wird hier ganz bewusst eingesetzt, da er das Thema „hohe Preise" übertrieben darstellt.

Wie geht es besser?
Stellen Sie Ihre Fragen also lieber offen und direkt und schenken Sie damit Ihrem Gesprächspartner Wertschätzung – das nächste Thema im Kapitel der Gesprächs-Techniken und Grundhaltungen ...

> **Der erste Grundsatz für erfolgreiche Gespräche lautet:**
> Verwenden Sie Fragen, die Ihre Ziele unterstützen und die Beziehung zum Gesprächspartner stärken. Überlegen Sie sich diese Ziele vor Gesprächsbeginn!

4.1.2 Übungen zur Fragetechnik

→ **Übung 13**

Beobachtungsaufgabe

Beginnen Sie damit, Ihre Fragekompetenz zu verbessern, indem Sie Ihre Kollegen, Vorgesetzten, Freunde und Bekannten beobachten:

? *Welche Art von Fragen stellen diese in den Gesprächen?*

? *Welches Ziel verfolgen sie möglicherweise mit ihrer Frage?*

? *Kommen sie mit den jeweiligen Fragen zum Ziel?*

? *Wenn Sie ihnen einen Tipp geben wollten: Welche Fragen würden Sie ihnen in der Situation empfehlen?*

Machen Sie am Ende doch tatsächlich einen Korrekturvorschlag und erfragen Sie im Vorfeld, ob dieser gewünscht ist. Nach dem Motto:

„Entschuldigung, ich habe gerade mal euer Gespräch beobachtet: Mir ist da etwas zu eurer Art zu fragen aufgefallen. Darf ich euch dazu eine Rückmeldung geben?"

→ **Übung 14**

Beobachtungsaufgabe

Wer anderen über die Schulter schaut sollte das natürlich auch bei sich selbst tun! Beobachten Sie nun Ihre eigene Art zu fragen – am besten erst einmal, ohne eine Korrektur vorzunehmen:

? *Wie fragen Sie bisher?*

? *Haben Sie (typische) Fragemuster?*

? *Kommen Sie mit Ihren Fragen zum Ziel?*

? *Sind Sie sich dieser Ziele bewusst?*

Machen Sie sich am besten Notizen über die Situationen, in denen es nicht so gelaufen ist wie Sie es wollten und fragen sich:

? *Woran hat das gelegen?*

→ Übung 14

? *Welches Ziel hatten Sie und welche Frageart wäre hier die passende?*

Notieren Sie auch, welche Situationen erfolgreich waren bezüglich Ihrer Art zu fragen und analysieren Sie:

? *Mit welcher Frage habe ich mein Ziel erreicht?*

? *Hatte ich dieses Gespräch vorbereitet?*

? *Bin ich aus dem Bauch heraus so vorgegangen?*

Führen Sie sich so Ihre Kompetenzen vor Augen und notieren Sie, woran Sie noch arbeiten möchten.

→ Übung 15

Wie würden Sie hier fragen?

Situation 1: *Ein Kunde sagt innerhalb eines Verkaufsgesprächs: „Das ist mir aber zu teuer, Herr Müller, über den Preis müssen wir noch reden."*

Situation 2: *Ein Kollege kommt zu Ihnen und stöhnt: „Ich habe alles probiert, der Schulze will mir einfach nicht den Posten als Teilprojektleiter überlassen."*

4.2 Wertschätzung als Basis für erfolgreiche Gespräche

Würde ich gefragt was das Geheimnis erfolgreicher Kommunikation sei, stünde eine Sache sicherlich an oberster Stelle: dem Gesprächspartner wie sich selbst mit Wertschätzung begegnen. Ja, auch sich selbst, denn auch Sie selbst sollten sich schätzen und als wertvoll empfinden, um ein Gesprächspartner zu sein, dem man mit Wertschätzung begegnen kann. Dies sei aber nur am Rande erwähnt, da dieser Kurs sonst in ein Selbstcoaching abdriftet und damit sein Hauptthema verlässt.

Bei Interesse können Sie sich beispielsweise in diesen Bänden der Reihe Pocket Business tiefer mit dem Thema beschäftigen:
Dr. Watzke-Otte, Susanne: Selbstmanagement – Erfolgsfaktoren achten und systematisch nutzen. Cornelsen 2009 oder Holger Stein: Erfolgreich durchsetzen – Standpunkte überzeugend vertreten. Cornelsen 2008.

Hier geht es nun also um Ihre Werthaltung gegenüber dem Gesprächspartner und mit welchen Techniken man diese ausdrücken kann.

Lesen Sie zur Einstimmung bitte die beiden Gesprächsauszüge.
Entscheiden Sie abschließend, welcher Verkäufer Ihrer Meinung nach dauerhaft erfolgreicher ist. Woran machen Sie Ihre Entscheidung fest?

Gespräch 1

Verkäufer: *„Wir haben das Angebot nun seit eineinhalb Stunden besprochen und sind jedes Detail noch einmal durchgegangen. Wir sollten jetzt zu einer Entscheidung kommen."*

Kundin: *„Nun, mir fällt es schwer sofort eine Entscheidung zu fällen, schließlich binde ich mich damit für eine lange Zeit. Die genauen Details sind mir ja erst seit heute bekannt, irgendwie bin ich noch unsicher."*

Verkäufer: *„Klar, mhh. Aber man kann ja nicht alles stundenlang hin und her diskutieren, dadurch wird es ja nicht besser. Und lange kann ich Ihnen dieses Angebot nicht mehr halten. Es ist sehr vorteilhaft und das ist Ihnen doch klar. Da muss ich nun langsam ein Entscheidung von Ihnen haben..."*

Ist dieser Verkäufer der erfolgreichere? Warum? Warum eher nicht?

Gespräch 2

Verkäufer: *„Ja, das ist jetzt also das Angebot. Ich hoffe, auch die Details sind schlüssig herübergekommen, bitte haken Sie einfach noch mal nach, wenn noch etwas offen sein sollte. Was denken Sie?"*

Kundin: *„Ich bin mir nicht sicher..."*

Verkäufer: *„Mhh, das verstehe ich. Das sind viele Informationen einerseits und außerdem trifft man eine solche Entscheidung ja nicht so häufig im Leben. Und es geht auch um viel Geld. Möchten Sie sich mit Ihrem Mann in Ruhe besprechen und noch einmal eine Nacht darüber schlafen?"*

Kundin: *„Ja, das wäre mir eine Hilfe. Vom Kopf her passt es, aber mein Gefühl ist noch mulmig und ich merke, dass ich noch nicht soweit bin, mich zu entscheiden."*

Verkäufer: *„Dann gehen Sie doch alles noch einmal in Ruhe durch und wir telefonieren morgen Mittag für einen neuen Termin. Passt Ihnen das?"*

Ist dieser Verkäufer der erfolgreichere? Warum? Warum eher nicht?

Auswertung: Der Verkäufer im zweiten Gespräch wird sicherlich langfristig erfolgreicher sein, weil er

→ die Bedürfnisse der Kundin erkennt und auf diese eingeht,

→ die Kundin und ihre Gefühle respektiert,

→ die Kundin nicht bedrängt, sondern ihr Bedenkzeit einräumt, aber

→ dennoch diese Bedenkzeit nicht endlos ausweitet, sondern einen weiteren Termin anberaumen möchte. Schließlich will auch er verkaufen, aber nicht auf Kosten der guten Beziehung. Nur diese garantiert ihm jedoch eine langfristige Zusammenarbeit durch zufriedene Kunden.

→ Mit all dem hat er zusätzlich das Selbstwertgefühl seiner Kundin gestärkt anstatt es anzuzweifeln. Unser Selbstwertgefühl wird nämlich auch dadurch beeinflusst, wie andere uns sehen bzw. wahrnehmen – und dies geschieht durch Kommunikation. Wir können unsere Identität nicht allein aus uns heraus erschaffen, dies geschieht auch immer in der Interaktion mit anderen, unserem sozialen Umfeld. Oder möchten Sie langfristig mit jemandem zusammenarbeiten, dessen Kommunikation Ihr Selbstwertgefühl regelmäßig anzweifelt oder gar angreift?

> Der zweite Grundsatz für erfolgreiche Gespräche lautet:
> **Bringen Sie Ihrem Gesprächspartner Wertschätzung entgegen.**

Was hat der erste Verkäufer nun aber genau gemacht?
Mit welchen Techniken können Sie Wertschätzung ausdrücken?

4.3 Zuhören

Beim Zuhören, häufig auch aktives Zuhören genannt, geht es gar nicht um das Zuhören selbst, sondern dieses ist nur die „Technik" hinter der eigentlichen Absicht – nämlich den anderen verstehen zu wollen. Ja, wirklich zu wollen und das nicht nur akustisch, sondern mit dem, was der Gesprächspartner tatsächlich mit dem Gesagten meint. Übrigens – dazu gehört auch, einfach mal eine Zeit lang nichts zu sagen. Das Verstehen geht noch einen Schritt weiter, indem man auch zu verstehen versucht, was der andere nicht ausdrücklich sagt, aber dennoch meinen könnte.

Gutes Zuhören in Gesprächen hat also mit drei Aspekten zu tun:

→ Wirklich verstehen wollen,

→ lange mal nichts sagen (können) und

→ schließlich doch etwas sagen.

Wie passt das jetzt zusammen und wozu dient es?

Jemanden verstehen können bedeutet, dessen Worte so zu verstehen, wie der Gesprächspartner sie gemeint hat, sich in ihn und seine emotionale Lage hineinzuversetzen und ihm Verständnis zu signalisieren für eben diese emotionale Lage. Erinnern Sie sich an die beiden Gesprächsauszüge aus dem Kapitel 4.1? Das zweite Gespräch zeigt deutlich, was man durch „verstehen wollen" erreicht:

Mit verstehen wollen schenken Sie …

Wertschätzung und

↓

diese ist Basis für

↓

eine gute Beziehung zum Gesprächspartner

↓

diese ist Basis für

↓

Vertrauen zueinander

↓

dies ist Basis für

↓

relevante Informationen und

↓

diese sind Basis dafür,

↓

Menschen für sich einzunehmen / zu überzeugen / zu gewinnen.

Und daran hängt letztendlich alles, ob Sie nun etwas verkaufen möchten, eine Idee umsetzen wollen, mehr Gehalt möchten oder jemanden heiraten wollen. Klingt fundamental und einleuchtend, oder?

Kommen wir nun zu den relevanten Fertigkeiten.

4.3.1 Unterschiedliche Arten des Zuhörens

Stellen Sie sich und Ihre Ohren auf Empfang ein.
Dazu braucht es wieder eine innere Haltung – die des „Ich höre jetzt mal genau zu". Wir sind aber gut mit dem Erwiderungs-Reflex ausgestattet, denn meist formen wir schon unsere Antwort, bevor der andere überhaupt fertig gesprochen hat. Leider unterbrechen wir dann auch häufig den anderen, sicherlich nicht immer bewusst und in böser Absicht!

Wie können Sie erreichen, sich auf Empfang einzustellen?
Lehnen Sie sich, soweit es die Situation erlaubt, zurück. Dies ist ganz konkret gemeint. Lehnen Sie sich also an die Rückenlehne Ihres Stuhls o. ä. und behalten Sie locker Blickkontakt mit Ihrem Gegenüber. Behalten Sie außerdem eine offene Körperhaltung bei,

indem Sie zum Beispiel Ihre Arme, statt sie zu verschränken, auf Ihrem Schoß locker ruhen lassen. Ihre Mimik sollte Interesse widerspiegeln, welches bei dieser Haltung echt ist! Sie sollten vor allem natürlich wirken. Üben Sie diese Körperhaltung einmal vor dem Spiegel und lassen sich von jemand anderem eine Rückmeldung auf die Wirkung geben. Wenn Sie so zurückgelehnt sind, speichern Sie diese Körperhaltung als Ihre „innere Empfangsbereitschaft" ab – es funktioniert! Später können Sie diese auch dann einnehmen, wenn Sie beispielsweise stehen oder sich nach vorne neigen. Letzteres tue ich, wenn ich in einem Seminar Einwände meiner Teilnehmer genau verstehen möchte. Dazu wende ich mich meinem Gesprächspartner zu, neige mich leicht vor und halte lockeren Blickkontakt (also ohne zu starren!) und es muss noch etwas dazu kommen ...

Hören Sie außerdem aufmerksam zu.
Dabei halten Sie sich mit eigenen Ansichten und Schilderungen zurück, geben aber körpersprachlich und durch kleine Laute, Einwürfe und Kommentare Rückmeldung, dass Sie zuhören und interessiert sind. Nicken Sie und streuen hier und da einsilbige Einwürfe wie „mhh", „aha", „ja", „okay" ein.

Bedenken Sie: Dies geschieht bei echtem Interesse nahezu von allein und wird schnell entlarvt, wenn es nur aufgesetzt ist. Mit kurzen Kommentaren wie „Erzähl mal ... ", „Das hört sich interessant an.", „... und wie haben Sie dann reagiert?" oder „... das klingt logisch." etc. geben Sie Ihrem Gesprächspartner zu verstehen, dass Sie ihm folgen. Sie sind innerlich beteiligt, greifen aber nicht ein (außer vielleicht, Sie werden ausdrücklich darum gebeten).

Haben Sie schon einmal ein Vier-Augen-Gespräch oder ein Telefonat geführt, in dem Ihnen Ihr Gesprächspartner diese Art des Zuhörens nicht gezeigt hat? Wie fühlte sich das an?

Was aber, wenn Sie nicht sicher sind, Ihren Gesprächspartner richtig verstanden zu haben? Einfach weiter zuhören und nicken? Wechseln Sie in diesen Fällen zum Paraphrasieren. Damit umschreiben Sie das Gesagte mit Ihren eigenen Worten noch einmal und stellen so sicher, ob Sie den Inhalt richtig verstanden haben.

Verwenden Sie dazu Frageformen wie etwa:
➜ „Habe ich Sie richtig verstanden, dass Sie ... ",
➜ „Ich möchte noch einmal kurz zusammenfassen, was ich verstanden habe ... ",
➜ „Also möchtest du ..., stimmt das?"
➜ „Wenn ich Sie richtig verstanden haben, ist es Ihnen also wichtig ... "

Als Ergebnis dieser Art des Zuhörens können Sie mit einem Bündel an Informationen aus dem Gespräch gehen, während Ihr Gesprächspartner die Gelegenheit hatte, seinen Gedanken freien Lauf zu lassen und diese möglicherweise zu präzisieren. Sie merken – bei dieser Art des Zuhörens steht zunächst die Verständigung über Informationen und Fakten im Vordergrund. Ausgeklammert ist bisher noch der Teil, in dem es um

Emotionen, unterschwellig laufende Aussagen und Andeutungen geht, was sich beispielsweise in der Mimik des Sprechenden widerspiegelt. Dazu nun mehr ...

Hören Sie aktiv zu – verbalisieren Sie Emotionen und Unausgesprochenes.
Das aufmerksame Zuhören nimmt also auf, was der Gesprächspartner inhaltlich sagt und versucht, ihn auf dieser Ebene zu verstehen. Wer aber aktiv zuhört, geht noch eine Stufe tiefer! Über die Fakten hinaus hören Sie heraus, was „eigentlich beim anderen los ist": Wie fühlt er sich gerade oder wie genau hat er das Geschilderte erlebt? Was deutet er nur an, spricht es aber nicht explizit aus? Welche Gründe könnte das haben? Aktiv zuhören bedeutet, in der Mimik und Gestik des Gesprächspartners zu lesen und vor allem auch, den Klang der Stimme einzubeziehen – um daran Mutmaßungen über Unausgesprochenes zu treffen und diese konkret anzusprechen. Im Sinne des Vier-Ohren-Modells sprechen Sie hier also nicht nur die Sach- sondern auch die Selbstoffenbarungs-Ebene an.

Warum ist das wichtig? Beachten Sie dazu einmal folgendes kurzes Gespräch zwischen zwei Arbeitskollegen, die ein Projekt leiten:

> Karin: *„Stefan, können wir denn nun endlich die Präsentation fertigstellen? Wir haben doch nicht endlos Zeit. Das Gremium tagt heute Nachmittag und die wollen dann auf jeden Fall etwas Schriftliches in der Hand halten. Dir fallen ja immer wieder neue Punkte ein, so wird das nie was ..."*
>
> Stefan: *„Mhh, du meinst, uns läuft die Zeit weg und das macht dich nervös?"*
>
> Karin: *„Nervös ist gut, du machst mir ja Spaß! Weißt du, was da alles dran hängt? Unser Ruf ist im Eimer, wenn wir das nicht hinbekommen!"*
>
> Stefan: *„O.k., du machst dir echt Sorgen um unser Image, scheint mir. Das verstehe ich. Pass auf, dieser Punkt hier ist enorm wichtig, um das Gremium zu überzeugen. Ich formuliere den eben noch fertig und du legst schon mal mit dem Layout los. In 10 Minuten stoß ich zu dir und wir schieben unsere Folien zusammen. Wir haben ja noch drei Stunden, das klappt auf jeden Fall."*
>
> Karin: *„O.k., das beruhigt mich schon ein bisschen. Aber ich glaub es erst, wenn wir fertig sind, ich bin da noch skeptisch. Lass uns loslegen ..."*

Wie hat Stefan es geschafft, dass aus Karins diversen Vorwürfen kein Streit wurde? Er hat die Vorwürfe überhört bzw. nicht persönlich genommen und nicht mit Gegenvorwürfen und Verteidigung reagiert. Stattdessen hört er heraus, dass Karin sich in Not befindet: Sie glaubt, dass in der übrig gebliebenen Zeit keine gute Präsentation mehr entstehen kann. Sie fürchtet bei einer „schlechten" Präsentation um das Image der beiden und sieht möglicherweise schon ihren Stand als Projektleiterin gefährdet. Diese Gefühlslage spiegelt Stefan ihr im aktiven Zuhören wider und gibt ihr so das Gefühl, sie verstanden zu haben und nicht einfach seine Interessen durchdrücken zu wollen.

Er hat außerdem ein wichtiges Prinzip verstanden:

Vorwürfe sind nichts anderes als schlecht formulierte Bedürfnisse!

Sicherlich bemerkt Stefan auch, dass Karins Argumente nicht ganz von der Hand zu weisen und auch in seinem Sinne sind. Aber wer denkt normalerweise so, wenn er angegriffen wird? Nun ja, der aktive Zuhörer tut es – um der Beziehung und auch um der Sache willen. Sie gewinnen aber noch mehr:

Wer aktiv zuhört, ...
→ weiß mehr, weil er durch das Zuhören auch die Zwischentöne heraushört.
→ kann auch gut argumentieren, da er seine Antworten genau auf den Gesprächspartner abgestimmt hat.
→ lässt sich auf neue Gedanken und Sichtweisen ein und erweitert so seinen Horizont.
→ erkennt darin andere Personen an, die zwar anders denken aber deshalb nicht falsch sind.
→ macht insgesamt einen positiven und souveränen Eindruck und hebt sich damit von den anderen „Streithähnen und Hennen" im Berufsleben ab.

→ *Praxis*tipp:

! *Wenn Ihnen die (langfristige) Beziehung zum Gesprächspartner und Ihre Außenwirkung wichtig ist,*

! *das Gespräch „brenzlig" wird und Vorwürfe beginnen, sich auszubreiten,*

! *Sie angegriffen werden und souverän darauf reagieren wollen,*

! *... wird es Zeit, das Selbstoffenbarungs-Ohr aufzusperren!*

! *Hören Sie also aktiv zu, was Ihnen Ihr Gesprächspartner eigentlich sagen wollte und spiegeln Sie es ihm diplomatisch zurück.*

! *Seien Sie neugierig auf die Wirkung, die in der Regel unmittelbar und positiv ausfällt.*

Wenn Sie damit einmal nicht ans Ziel kommen, versuchen Sie es mit der Technik im Kapitel 4.4 ...

Der dritte Grundsatz für erfolgreiche Gespräche lautet:
Hören Sie mehr zu und halten Sie sich selbst häufiger zurück. So erfahren Sie, worum es Ihrem Gesprächspartner tatsächlich geht und können damit das Gespräch steuern und zu einem guten Ergebnis führen.

4.3.2   Übungen zum Zuhören

→ Übung 16

Wie würden Sie reagieren?

Situation 1: *Ihr Chef ruft innerhalb Ihrer Präsentation laut dazwischen:„Das glauben Sie doch selbst nicht, Herr Droste."*

Situation 2: *Eine Kundin fährt Sie während eines Telefonates an: „Wie können Sie nur so unverschämt fragen?!"*

Situation 3: *Sie teilen sich ein Büro mit einem Kollegen. Es ist Mittagspause und Sie sind im Büro geblieben. Der Kollege kommt zurück aus der Kantine und sagt unvermittelt zu Ihnen:„Na dir kann man ja prima vertrauen, mein Lieber. Vielen Dank auch!"*

→ Übung 17

Inhaltliche Missverständnisse klären mittels Fragen

Stellen Sie sich folgende Situation vor:

Ein Chef sagt zu seiner Assistentin:„Haben Sie schon die Unterlagen zusammengestellt?"

Diese antwortet mit:„Natürlich, die liegen doch auf Ihrem Tisch."

? *Der Chef erwidert wütend:„Unsinn, Sie wissen doch genau welche ich meine. Himmelherrgott noch mal, muss man denn hier alles alleine machen?"*

? *Hätte dieses augenscheinliche Missverständnis verhindert werden können, wenn zunächst einmal eine Klärung stattgefunden hätte, was der andere gemeint hat?*

? *Mit welchen Fragen hätte die Assistentin reagieren können, um das Missverständnis zu vermeiden?*

4.4 Ich-Botschaften

Kommen wir noch einmal auf das Beispiel von Stefan und Karin zurück. Mal angenommen, Stefan hätte auf Karins erste Aussage erwidert: *„Ich fühl' mich von dir angegriffen, du siehst einfach nicht, was ich gerade für unsere Präsentation leiste!"*. Wie wäre dieser Satz bei Karin angekommen und wie hätte sie sich gefühlt? Als Vorwurf? Schuldig?

Obwohl der Satz mit einem „Ich" beginnt, zählt er dennoch nicht zu den Ich-Botschaften. Mit der Formulierung „*... von dir angegriffen ...*" wird sozusagen durch die Hintertür ein *„Du bist schuld"* eingeschleust. Diese Art von Du-Botschaften wirken eher wie Vorwürfe – sie lösen Verteidigungs- oder Entschuldigungsstrategien aus und sind oft verletzend.

Weitere Du-Botschaften sind ...

Bewertungen
„Da sind Sie schlecht informiert ..."
„Ihre Ansicht teilt hier niemand ..."

Unterstellungen
„Sie wissen doch ganz genau ..."
„Sie hätten doch wissen müssen ..."

Ratschläge
„Warum machen Sie nicht ..."
„Also, ich würde Ihnen raten ..."

Verhöre
„Woher wollen Sie das denn wissen?"
„Müssen Sie eigentlich immer ...?"

Drohungen
„Wenn Sie hier so weitermachen ..."
„Ich kann Ihnen nur wärmstens empfehlen ... sonst ..."

Sie tauchen besonders häufig in schwierigen und konflikthaften Gesprächssituationen auf und die Gefahr ist groß, dass die Beziehung und das Gesprächsklima durch sie stark beeinträchtigt werden. Die Herabsetzung oder den Vorwurf, die der Gesprächspartner heraushört, erzeugt bei den meisten Menschen in erster Linie Widerstand – völlig unbrauchbar also für eine gelungene Gesprächsführung!

Ich-Botschaften hingegen ...

→ ... sind Aussagen, mit denen Sie ohne einen Vorwurf eine Störung, ein schwieriges Thema oder ein Problem ansprechen können.

→ ... geben Ihrem Gegenüber Gelegenheit zu verstehen, was Sie stört und warum das so ist, sodass dieser es nachvollziehen kann.

→ ... machen Aussagen über Ihre Ziele, Emotionen und Bedürfnisse und zeigen Ihrem Gesprächspartner mögliche Konsequenzen seines Verhaltens auf.

→ ... verletzen die Beziehung nicht, indem sie auf gleicher Augenhöhe lediglich das konkrete Verhalten und seine Auswirkungen beim Sprecher beschreiben.

→ ... sind zukunftsorientiert, weil sie direkt nach Lösungen suchen, statt weiter im Problem zu „wühlen".

→ ... lassen dem Empfänger eigene Räume zur Interpretation, damit verliert er nicht sein Gesicht und kann etwas lernen.

→ ... werden auch Feedback genannt bzw. besteht Feedback aus Ich- Botschaften.

→ ... basieren auf einer Theorie des Psychologen Thomas Gordon (1918-2002), der sich zeit seines Lebens mit erfolgreicher Gesprächsführung beschäftigt und zahlreiche Bücher dazu veröffentlicht hat.

Ich-Botschaften bestehen aus vier Komponenten:

1. Sie beschreiben das Verhalten des Gesprächspartners, ohne dieses zu bewerten, Sie sprechen nur Ihre Wahrnehmung aus.
„Sie sagen, ich soll als Nichtraucher ab heute nicht mehr mit den anderen in die Raucherpause gehen."

2. Sie benennen die möglichen Konsequenzen bzw. unmittelbaren sachlichen Folgen für sich selbst.
„Das hätte zur Folge, dass ich in der Zwischenzeit allein im Büro sitze und da ich noch neu bin, kann ich in der Zeit die Kollegen nicht um Hilfe bitten. Ich drehe also quasi Däumchen ..."

3. Sie sagen, welche Gefühle das bei Ihnen auslöst.
„Das ist mir echt unangenehm. Ich befürchte, dass sie mich für inkompetent halten auch wenn mir klar ist, dass sie wissen, dass ich in den ersten Wochen noch einiges zu lernen und zu fragen habe und noch nicht alles wissen kann."

4. Sie bitten Ihren Gesprächspartner um etwas oder stellen ihm eine offene Frage.

„Wie sehen Sie das?" oder „Wie könnten wir dafür sorgen, dass immer zwei der Kollegen oben bleiben und sich mit der Pause abwechseln?"

Dabei müssen Sie sich weder an die vorgegebene Reihenfolge halten noch jeden Schritt benennen. Wenn Sie nicht sagen möchten wie Sie sich fühlen, lassen Sie es weg. Wenn Sie an die ersten drei Schritte keine Bitte hängen möchten, lassen Sie sie weg.

➜ **Praxis**tipp:

! *Deuten Sie nicht was geschehen ist, sondern bleiben Sie bei der reinen Wahrnehmung!*

! *Fragen Sie sich immer wieder: Was waren hier die Fakten, was liegt auf der Hand, was war sichtbar und hörbar?*

Also statt *„Sie haben mir verboten mit den anderen Pause zu machen."*
lieber *„Sie haben gesagt, dass ich ab heute nicht mehr mit den anderen in die Raucherpause gehen soll."*

Damit verhindern Sie eine Diskussion darüber, wer hier wem was verbieten darf, was ein Verbot überhaupt ist und ob nicht vielmehr allen verboten werden sollte, während der Arbeit zu rauchen etc. Sie kennen sicherlich solch ein Abdriften und Diskutieren über Details! Es geschieht immer dann, wenn sich jemand angegriffen fühlt – ob berechtigt oder unberechtigt spielt dabei gar keine Rolle. Riskieren Sie also nicht, dass Ihnen das ohnehin schwierige Gespräch komplett aus dem Ruder läuft – verwenden Sie Ich-Botschaften!

Exkurs Feedback
Wie oben bereits angesprochen, besteht Feedback aus einer Folge von Ich-Botschaften. Feedback ist insbesondere in schwierigen Situationen wichtig, zum Beispiel wenn Sie jemanden kritisieren möchten. Feedback geben bedeutet, dem Gesprächspartner eine Rückmeldung darüber zu geben, wie Sie dessen Verhalten wahrgenommen, verstanden und erlebt haben – also auf jeden Fall nur aus der Ich-Perspektive!

Hilfreiches Feedback hat folgende Merkmale:
- ➜ Es weist auf störende „blinde Flecken" hin, also auf solche Verhaltensweisen, die anderen bewusst sind, mir selbst aber nicht.
- ➜ Es muss offen und ehrlich sein und speist sich aus dem Anliegen, die Kommunikation und ein Verhalten zu verbessern, nicht jedoch die Person zu kritisieren.
- ➜ Es erfolgt so unmittelbar wie möglich, um nachvollziehbar zu sein.
- ➜ Es ist konstruktiv, enthält also neben möglichen kritischen Aspekten auch positive Aspekte.
- ➜ Es erweitert die Wahrnehmungsgrenzen dessen, der Feedback erhält.
- ➜ Es klärt die Beziehung.

Herr Fischer, der Mitarbeiter von Frau Breuer, hat am Vormittag eine Präsentation gehalten. Frau Breuer war als Zuhörerin mit dabei und möchte ihrem Mitarbeiter nun nach der Mittagspause in einem Vier-Augen-Gespräch eine Rückmeldung geben:

Frau Breuer: *„Herr Fischer, Sie kleben fast die ganze Zeit an Ihrem Manuskript – das kommt völlig verkrampft rüber! Sie hatten doch in der vergangenen Woche noch das Rhetorik-Seminar. Viel ist davon aber nicht hängen geblieben!"*

Herr Fischer: *„Ja öhm, gerade weil ich das Seminar hatte, wollte ich es besonders gut machen und habe mir solche Mühe gegeben. Der Schuss ist wohl nach hinten losgegangen. Ich war aber doch schon viel sicherer als sonst, oder? Äh, tut mir leid, und nun?"*

Wie beurteilen Sie Frau Breuers Feedback? Die Abwertungen sind nicht wirklich hilfreich, geschweige denn wertschätzend, oder? Sie führen eher zu Widerstand und Rechtfertigung. Also – wie war das noch mit den Ich-Botschaften? Hier ein zweiter Versuch:

Frau Breuer: *„Herr Fischer, mir ist aufgefallen, dass Sie insgesamt schon viel sicherer rüberkommen als das beim letzten Mal der Fall war. Ihr Sprechen ist viel flüssiger und Sie haben auch nach einigen störenden Zwischenfragen immer wieder den Faden aufnehmen können – damit haben Sie einen souveränen Eindruck hinterlassen. Eine Sache hätte diesen Eindruck noch verstärkt: Wenn Sie das Manuskript, statt es mit beiden Händen festzuhalten, auf ein Pult gelegt hätten oder gleich mit Karteikarten und Stichworten arbeiten würden. Diese Karten kann man locker in einer Hand festhalten und durch die Stichworte freier formulieren. Außerdem können Sie so besser Blickkontakt zum Publikum halten. Was denken Sie?"*

Herr Fischer: *„Ja, das stimmt, ich habe mich auch nicht wirklich frei damit gefühlt – es hat auch mein Denken etwas blockiert. Dass ich die Zwischenfragen gut kontern konnte, liegt tatsächlich an den intensiven Übungen im Seminar! Aber ich wollte alles perfekt machen und habe mich deshalb für das Manuskript entschieden. Dadurch hab ich natürlich auch viel zu oft darauf geschaut, als ich wollte. Nun ja, beim nächsten Mal werde ich die Karteikarten probieren. Danke noch mal für den Tipp, Frau Breuer!"*

In diesem zweiten Feedback konnte Herr Fischer das Feedback annehmen, weil es wertschätzend und nur auf das Verhalten bezogen formuliert war. Er wurde weder als Person angegriffen noch wurde er zu Beginn des Gespräches mit kritischen Punkten überfallen. So hat er tatsächlich seinen blinden Fleck erweitert und erkannt, dass sein Perfektionismus ihn an einer authentischen Präsentation gehindert hat.

Feedback sollte aber auch dann geschehen, wenn in einem Gespräch „alles gut gelaufen ist". Dieser Aspekt des „wertschätzenden Feedbacks" am Ende eines Gespräches oder Gesprächsabschnitts wird häufig vergessen – wie schade! Lassen Sie sich diese beziehungsstärkende Gesprächstechnik nicht entgehen! Wie könnte das aussehen?

„Danke für das gute Gespräch, Herr Unnebrink. Ich fand es nicht nur aufschlussreich, es hatte auch eine sehr offene und angenehme Atmosphäre. Ich habe mich sehr wohlgefühlt."

Wer ein gutes Gespräch geführt hat, sollte dies auch zum Ausdruck bringen. Ihr Gesprächspartner wird Ihnen sicherlich zustimmen und Sie werden beide mit einem guten Gefühl die Szene verlassen. Ihre zukünftige (Geschäfts-)Beziehung ist gestärkt.

> **Der vierte Grundsatz für erfolgreiche Gespräche lautet:**
> Vermeiden Sie jegliche Vorwürfe, vermeiden Sie Interpretationen! Bleiben Sie zunächst bei Ihrer Wahrnehmung. Immer dann, wenn Sie jemandem ein Feedback geben möchten – ob positiv oder kritisch – formulieren Sie von Ihrer Warte aus.

4.5 Übungen Gesprächstechniken

→ Übung 18

Wie wirken die Gesprächstechniken?

Wählen Sie die passende Reaktion aus und tragen den Buchstaben in die Tabelle ein.

Die Lösungen finden Sie auf Seite 130:

Technik	Wirkung bei dosiertem Gebrauch: Partner fühlt sich ...	Wirkung bei gehäuftem Gebrauch: Partner fühlt sich ...
Geschlossene Frage		
Zuhörzeichen wie „mhh" oder „o.k."		
Minimal-Antwort wie „Erzählen Sie..."		
Prozess-Frage		

Offene Frage		
Ich-Botschaft		
Echo-Frage		
Verbalisieren		
Information		

	dosiert	gehäuft
a.	Wertschätzend kritisiert	Irritiert, weil nichts eigenes kommt; kein Sprecherwechsel
b.	Offen, persönlich angesprochen	Verunsichert (vermutet Unlust)
c.	Einbezogen in den Prozess	Für dumm verkauft; wirkt wie nachäffen
d.	Zum Weitersprechen motiviert	Dominiert; verweigert Antwort
e.	Wichtig, wenn um Meinung gefragt	Erdrückt durch Überangebot
f.	Zur Antwort motiviert	Wie ein Therapeut
g.	Informiert, ernst genommen	Herabgesetzt, weil zu viel vom/über anderen gesprochen wird
h.	Zur Konkretisierung aufgefordert	Unstrukturierter Eindruck, ziellos
i.	Zum weiteren Ausführen angeregt und gewertschätzt	Abgelenkt vom Inhalt; gestört

→ Übung 19

Angemessen reagieren

Betrachten Sie die folgenden Gesprächsauszüge und notieren Sie, wie Sie mit der jeweils vorgegebenen Technik adäquat auf diese Situation reagieren können. Schauen Sie sich anschließend die Lösungsvorschläge an.

*a) Reagieren Sie bitte mit **Verbalisieren** – lesen Sie zwischen den Zeilen die Gefühle und Gedanken des Sprechers heraus:*

„Über die Moderation unseres Projektworkshops mache ich mir noch Gedanken. Ich bin mir nicht sicher, ob wir den richtigen Veranstaltungs-Ort gewählt haben."

→ **Übung 19**

Ihre Reaktion:

_____

_____

b) Reagieren Sie bitte mit **Paraphrasieren** – fassen Sie mit eigenen Worten zusammen, was der Sprecher Ihnen sagen möchte:

„Ich bin mir nicht sicher, ob wir mit Frau Schiller als Projektleiterin die richtige Entscheidung für dieses Projekt getroffen haben. Sie wirkt so unsicher in ihrer Körpersprache und ihre Stimme ist so piepsig.“

Ihre Reaktion:

_____

_____

c) Reagieren Sie bitte mit einer **offenen Frage**:

„Für unseren Workshop mit dem gesamten Projektteam suche ich noch nach überzeugenden Gründen für die Geschäftsleitung, es außerhalb mit einer Übernachtung zu machen.“

Ihre Reaktion:

_____

_____

d) Reagieren Sie bitte mit einer **hypothetischen Frage**:

„Ich suche immer noch nach einer Strategie, um meine Chefin von meiner Idee zu überzeugen, den Workshop nicht hier in der Niederlassung stattfinden zu lassen.“

Ihre Reaktion:

_____

_____

→ Übung 19

*e) Reagieren Sie bitte mit einer **Ich-Botschaft** (= Sie sind nicht einverstanden.)*

„Tut mir leid, dass ich nur einen Tag beim Projektworkshop bleiben kann, aber ich habe private Verpflichtungen."

Ihre Reaktion:

→ Übung 20

Kontrollierter Dialog – den anderen wirklich verstehen

Ziele der Übung:

→ *Sie vermeiden Missverständnisse*

→ *Sie fördern den guten Kontakt zum Gesprächspartner*

Was brauchen Sie? Einen Gesprächspartner, den Sie entweder in die Übung einweihen oder jemanden, mit dem Sie sich einfach über etwas unterhalten möchten (über die Freizeit – ein unverfängliches Thema).

Wie läuft es ab? Beim kontrollierten Dialog wiederholen Sie jeweils den Gesprächsbeitrag/das Gesagte des Vorredners, bevor Sie die eigenen Gedanken äußern. Wiederholen oder auch ‚Paraphrasieren' bedeutet, dass der gedankliche Sinn dessen, was der Vorredner gesagt hat, in eigene Worte gefasst wird. Es reicht nicht, wenn einfach ‚nachgeplappert' wird.

Die genaue Durchführung:

Bitte wählen Sie zu zweit ein Thema aus, in dem Sie möglichst nicht einer Meinung sind. Beginnen Sie nun, kontrolliert zu diskutieren:

→ *Ein Sprecher beginnt und nennt seinen Standpunkt in etwa 3-4 Sätzen.*

→ *Bevor der andere antwortet, fasst dieser erst mit eigenen Worten kurz zusammen, was er verstanden hat.*

→ Übung 20

Wenn die Wiederholung aus Sicht des Vorredners sinngemäß korrekt ist, bestätigt dieser das kurz sprachlich (z. B. „ja") oder non-verbal (z. B. Kopfnicken). Erst dann schließt der andere seinen eigenen Gesprächsbeitrag an.

> → *Tipp: Wenn eine dritte Person die Übung beobachtet, kann sie Ihnen zurückmelden, wie gut Sie zusammengefasst haben.*

→ *Wechseln Sie die Rollen von einem Sprecher zum anderen – erst zusammenfassen, dann selbst reden usw.*

→ *Dieses verstehende Wiederholen und Zusammenfassen führen Sie bitte zu Übungszwecken während des gesamten Gesprächs durch!*

→ *Führen Sie ein etwa 7-minütiges Gespräch.*

Erklärung: Beim kontrollierten Dialog entsteht ein zeitverzögertes Gespräch, in dem der Ablauf jeweils durch die zusammenfassenden Wiederholungen unterbrochen wird. Sie zeigen sich damit gegenseitig das, was Sie jeweils verstanden haben und nehmen sich ausreichend Zeit dazu. Sie formulieren gedanklich nicht schon Ihre Antwort vor, da Sie die Antwort des Gesprächspartners ja zunächst wiederholen müssen!

Dass man im Alltag nicht immer so kontrolliert diskutieren kann, versteht sich von selbst. Es ist eine Übung. Sie sollten aber in der Lage sein, jederzeit einen Gesprächsablauf so kontrollieren zu können, zum Beispiel in einer Verhandlung.

5 Gesprächsführung

In diesem Kapitel bekommen Sie Lösungen für die Problematik „improvisierter" Gespräche. Sie haben bestimmt schon einmal die Erfahrung gemacht, in ein Gespräch hineingestolpert zu sein und es mit einem nicht zufriedenstellenden oder sogar keinem Ergebnis beendet zu haben. Ganz zu schweigen vom unstrukturierten Gesprächsverlauf und der schlechten Gesprächsstimmung, die meist damit einhergeht.

Probleme improvisierter Gespräche:

→ Kommunikation ist immer dynamisch und gekennzeichnet durch Spontaneität und den Wechsel von Sprecher, Themen, Tempo und Lautstärke. Das dadurch entstehende „Hin und Her" schränkt kreative Denkvorgänge und Konzentration ein. Viele können keinen klaren Gedanken fassen, wenn der Austausch zu frei und ohne Struktur verläuft, man springt von „Hölzchen auf Stöckchen".

→ Das „Hin und Her" der Gesprächsbeiträge bindet die Energie der Beteiligten an falscher Stelle – man muss ständig zuhören und spontan reagieren.

→ Ohne Struktur bleibt außerdem kein Raum für eine Reflexion der Situation wenn dies nötig erscheint – zumindest ist dieser nicht eingeplant.

→ Auch die Entwicklung von Alternativen kann mitunter auf der Strecke bleiben.

Vorteile einer Gesprächsvorbereitung:

→ Sie gehen anhand eines Gesprächsleitfadens vor. Diesen sollte jeder vor und während des Gespräches tatsächlich vor Augen haben und sich daran orientieren können (z.B. in Form eines Flipcharts oder Dokumentes). So reden alle vom Gleichen bzw. können Sie schneller klären, wo Sie sich gerade im Gespräch befinden.

→ Diese Übersicht in Form eines Leitfadens sollten Sie im Gespräch beibehalten. Die Gefahr abgelenkt zu werden ist dadurch geringer. Außerdem verzetteln Sie sich weniger und kommen so eher zum Ergebnis.

→ Wer ergebnisorientiert arbeitet, nutzt das kostbare Gut Zeit im Arbeitsleben effizient – mit einem Ergebnis und unter Betracht eines angemessen Zeitrahmens.

→ Sie signalisieren Ihrem Gesprächspartner außerdem, dass Sie ihn wertschätzen und seine Zeit nicht verschwenden wollen.

Fazit:

Zu einem gelungenen und effizienten Gespräch gehören neben den Elementen, die eine gute Beziehung aufbauen und erhalten, auch eine gute Vorbereitung und Gesprächsstruktur. Die dazu nötigen Abläufe und Tipps inklusive möglicher Fallstricke und Lösungen erfahren Sie in diesem Kapitel.

DER AUFWAND DER VORBEREITUNG IST GERING IM VERHÄLTNIS DAZU, DURCH UNSTRUKTURIERTES VORGEHEN BEISPIELSWEISE EINEN KUNDEN ZU VERLIEREN ODER EINEN MITARBEITER ZU DEMOTIVIEREN.

Insbesondere als Führungskraft, Projektleiter oder Moderator haben Sie in beruflichen Gesprächen immer eine Doppelrolle:
→ Sie sind sowohl Repräsentant einer Organisation und tragen damit Verantwortung für das Ergebnis.
→ Andererseits sind Sie auch Gastgeber, der für das Befinden der Gesprächspartner zuständig ist.

Also besteht Ihre Doppelaufgabe darin:
→ Ein effizientes Gespräch zu führen (also mit Ergebnis und in einer angemessenen Zeit) und
→ einen entspannten Gesprächsverlauf herzustellen.
Halten Sie also wie immer Sach- und Beziehungsebene im Fokus!

Bevor Sie Möglichkeiten zur strukturierten Vorbereitung kennenlernen, betrachten Sie zunächst genauer die allgemeinen Regeln der Gesprächsführung und die Phasen eines beruflichen Gespräches. Die darin erläuterten Phasen beziehen sich unmittelbar auf die Vorbereitung und sind so klarer nachzuvollziehen.

5.1   Allgemeine Regeln der Gesprächsführung

Halten Sie sich allgemein ausgedrückt an die Konversationsmaximen nach Paul Grice, um Ihren Gesprächsbeitrag zu leisten:

Kooperation	Gestalten Sie Ihren Beitrag so, wie es die gegenwärtig akzeptierte Ausrichtung des Gesprächs erfordert!
Qualität	Gestalten Sie Ihren Beitrag wahr!
Quantität	Gestalten Sie Ihren Beitrag so informativ wie nötig.
Relevanz	Machen Sie Ihren Beitrag relevant.
Art und Weise	Seien Sie klar und genau!

Weitere wichtige Regeln
→ Hören Sie mehr zu als Sie reden: Nichts unmittelbar kommentieren, keine Nebengespräche (mit dem Nachbarn) führen.
→ Vermeiden Sie, schon frühzeitig im Kopf Ihre Antwort zu formulieren: Damit verpassen Sie wichtige Informationen und schenken Ihrem Partner zu wenig Wertschätzung. Hören Sie stattdessen intensiv und echt zu.
→ Bereiten Sie sich vor: Strukturen dafür lernen Sie in diesem Kapitel kennen.

→ Gehen Sie niemals ohne ein Ergebnis aus einem Gespräch – und sei es, dass Sie festhalten (noch) keines zu haben. Fassen Sie dieses Ergebnis am Ende noch einmal hörbar und dann auch schriftlich zusammen.

5.2 Gesprächsaufbau und Gesprächsphasen

Wenn wir Gespräche ausklammern, deren Zweck allein im Aufrechterhalten einer Beziehung liegen (wie etwa small talk), haben berufliche Gespräche zwei klare Merkmale:

→ Sie drehen sich um ein Thema und
→ sie sollen ein Ergebnis für alle Beteiligten erzielen – es soll also „etwas dabei herauskommen".

Diese Art von Gesprächen lassen sich in fünf Phasen aufteilen, deren Länge je nach Situation variiert. Sind sich die Gesprächsteilnehmer beispielsweise noch unbekannt, wird die Phase der Kontaktaufnahme sicherlich noch eine persönliche Vorstellung enthalten und entsprechend länger dauern. Diese Zeit fällt bei bekannten Personen natürlich weg.

Die fünf Phasen einer strukturierten Gesprächsführung

| 1 Kontakt-aufnahme | 2 Ziele, Themen, Rahmen klären | 3 Die Themen bearbeiten | 4 Ergebnis-sicherung und Folge-maß-nahmen | 5 Reflexion des Gesprächs |

1. Phase: Kontaktaufnahme

→ Sich aufeinander einstimmen vor dem eigentlichen Gespräch
→ Abbau von Unsicherheiten, Anstreben einer entspannten Atmosphäre – die Beteiligten bekommen die aktuelle „Stimmung" mit und stimmen sich aufeinander ein
→ Integration der Gesprächspartner in die Situation

2. Phase: Themen, Ziele und Rahmen klären

→ Klärung der Schlüssel- und der Detailthemen
  • Themenvorstellung
  • Themenreihenfolge
  • Ergänzungswünsche
→ Die entscheidende Frage in jedem Gespräch: Was wollen wir jeweils konkret erreichen? Welche Ziele haben wir? Ziele ...
  • schaffen Orientierung
  • setzen Erfolgsmaßstäbe

- sollen verbindlich sein
- ihre Reichweite muss klar sein
→ Zeitliche Rahmenbedingungen: Welche Zeit haben wir insgesamt? Wie viel Zeit wollen wir den einzelnen Themen widmen?
→ Bei Bedarf: Klärung der Gesprächsorganisation. Bei größeren Gruppen am besten Arbeit mit einem Moderator (er strukturiert die Gesprächsbeiträge, hält Ergebnisse fest, visualisiert und interveniert bei Störungen).

→ *Praxis*tipp:

Ziele sollten zu Beginn des Gespräches unbedingt angesprochen und mit allen Beteiligten (neu) verhandelt werden. Ziele lassen sich besonders gut mit der **PiDeWaWa Methode** *festlegen, die Sie auf Seite 120 nachlesen können.*

3. Phase: Themen bearbeiten

Jetzt beginnt die eigentliche inhaltliche Arbeit. Achten Sie darauf, dass der Prozess von Diskussion, Ideenfindung und Lösungsentscheidung strukturiert verläuft und ggf. moderiert wird. Denn in dieser Phase können leicht folgende Probleme entstehen, wenn die Diskussionen unstrukturiert verlaufen:
→ Sie steigen zu schnell in die Lösungsdiskussion ein.
→ Sie bewerten vorschnell die Alternativen.
→ Sie suchen mitunter nach Schuldigen und nicht nach Ursachen.
→ Am Schluss treten ungeklärte Bedenken auf.

4. Phase: Ergebnisse sichern, Follow Up

Am Ende des Gespräches sollte ein Ergebnis stehen. Dies wird vor allem dann der Fall sein, wenn jemand dieses aktiv einfordert, für die Umsetzung sorgt und methodisch begleitet. Vielleicht wundert Sie diese Aussage und Sie halten ein Ergebnis für selbstverständlich. Tatsache ist, dass das Gespräch in Form von Besprechungen, Teamsitzungen und sogenannten Jour fixen sehr häufig als ergebnis- und damit nutzlos bezeichnet wird.

Mögliche Gefahren beim Gesprächsabschluss sind also:
→ abrupt auseinandergehen
→ nicht sicherstellen, ob das gleiche Verständnis vom Erreichten existiert
→ das Ende offen lassen
→ keine Maßnahmen festlegen

Warum sollten Sie die Ergebnisse am Ende zusammenfassen?
→ Sie stellen damit sicher, dass die Maßnahmen und Vereinbarungen von allen in ähnlicher Weise verstanden werden.
→ Die Verantwortung für die einzelnen Maßnahmen bekommt mehr Verbindlichkeit.

→ Sie unterstreichen damit vor allem, dass Sie wirklich handeln und ein Ergebnis erzielen wollen.

→ Zu guter Letzt entstehen dadurch auch ein Gemeinschaftsgefühl und eine kollektive Identität.

Folgemaßnahmen eines Gespräches – das Follow up

→ Zum endgültigen Abschluss eines Gesprächs gehören:

→ Vereinbarung eines Folgemeetings mit dem Ziel, die getroffenen Maßnahmen zu überprüfen

→ Vereinbarungen über die Information von nicht Anwesenden

→ Einbeziehung von nicht Anwesenden in die geplanten Maßnahmen

→ Anfertigung eines Protokolls.

5. Phase: Gesprächsreflexion

Eine Gesprächsreflexion auf der Metaebene dient folgendem:

→ Sie diskutieren das Gespräch und seinen Verlauf.

→ Sie stellen eventuelle Schwachpunkte in der Diskussion fest.

→ Sie verbessern damit Ihre Gesprächsstruktur und -kultur und das rituell, indem Sie die Reflexion routinemäßig am Ende eines Gesprächs durchführen.

Hilfreich ist es, das in Kap. 4 vorgestellte TZI-Modell als Ausgangspunkt für eine Gesprächsreflexion zu verwenden:

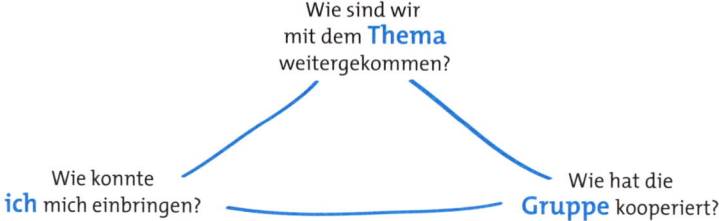

Wie sind wir
mit dem **Thema**
weitergekommen?

Wie konnte
ich mich einbringen?

Wie hat die
Gruppe kooperiert?

Gesprächsreflexion mittels TZI

Gespräche waren laut Ruth Cohn dann erfolgreich wenn:

→ das Thema angemessen diskutiert wurde,

→ jeder Einzelne sich wirkungsvoll einbringen konnte und

→ die Gruppe gut kooperiert hat.

5.3   Gesprächsvorbereitung

Das Modell der vier Seiten einer Nachricht

Dieses Modell Nachricht eignet sich hervorragend, in der Vorbereitung eines Gesprächs unterschiedliche Perspektiven zu beachten. Dabei ist es unerheblich, ob Sie ein Gespräch unter Kollegen, eines zwischen Führungskraft und Mitarbeiter oder auch ein privates wichtiges Gespräch führen möchten. Wenn das Gespräch offiziell ist und Sie es terminiert haben, ist es wesentlich, dass sich beide Gesprächspartner vorbereiten, also beim Mitarbeitergespräch beispielsweise nicht nur die Führungskraft!

So gehen Sie vor:

- → Beginnen Sie die Reihenfolge der Vorbereitung mit der Appellseite, in der Sie Ihre Ziele definieren.
- → Gegen den Uhrzeigersinn treffen Sie laut Modell auf die Sachseite – befassen Sie sich hier mit Ihren Themen, deren Reihenfolge und Ihren Argumenten im Gespräch.
- → Im dritten Schritt der Selbstaussage befragen Sie sich noch einmal näher bezüglich Ihrer Emotionen in der angesprochenen Situation,
- → bevor Sie im vierten Schritt die Beziehungsebene zwischen Ihnen und Ihrem Gesprächspartner klären und vorbereiten.

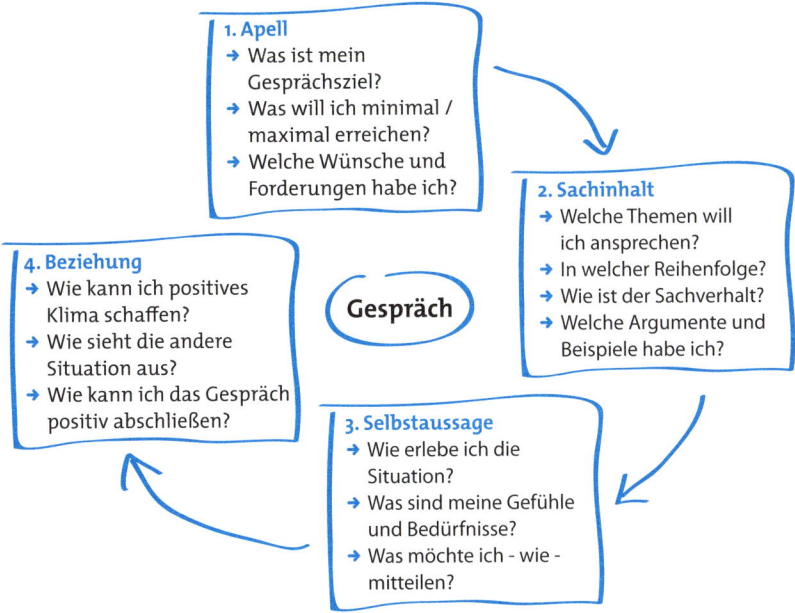

Die Reihenfolge der Gesprächs-Vorbereitung mit dem Modell der vier Seiten einer Nachricht

Das SCORE-Modells

Dieses weniger bekannte Modell beinhaltet Fragen, die ein Gespräch (abgesehen von Small Talk) mit einem Fokus strukturiert. Dieser Fokus liegt vor allem auf dem Ergebnis und wie dieses erreicht werden kann. Es ist besonders gut geeignet für den Problemlösungsprozess oder die Klärung eines Dienstleistungsauftrages wie etwa ein Seminar oder für die Planung eines Events.

Der Begriff SCORE (engl. Wert) steht für:

Symptom	Thema, Aufgabe, Symptome, Problem Worüber reden wir?
Causes	Ursachen, Hintergrund, Ableitung Wie kommt es dazu? Was und wie sind die Hintergründe?
Outcome	Ziele, Ergebnis Was soll erreicht werden bzw. herauskommen?
Ressourcen	Lösungen und Hilfsmittel, die zur Zielerreichung dienen (Fähigkeiten, Kenntnisse, Einstellungen, Geld oder Zeit) Welche sind schon da? Welche müssen noch erarbeitet, besorgt oder verhandelt werden?
Effect	(Wechsel)Wirkungen und Konsequenzen, wenn das Ziel erreicht wurde. Welche positiven und negativen Effekte hat es auf die Beteiligten, wenn das Ergebnis im besten Sinne erreicht wurde (also positiv war)?

Das Verkaufsgespräch

Wenn Sie ein Verkaufsgespräch vorbereiten möchten, sollten Sie weitere Aspekte beachten, die über die oben genannte Vorbereitung hinausgehen. Da das Verkaufen immer auch mit Verhandeln zu tun hat bzw. die Verhandlung Teil des Verkaufes ist, schauen Sie sich hierzu das Kapitel Nr. 6 zum Verhandeln an. Insbesondere auf den Seiten 111 ff, finden Sie wichtige Hinweise zur Vorbereitung Ihres Verkaufsgespräches. Der Verhandlungspartner ist natürlich Ihr Kunde, dem Sie ein Produkt oder eine Dienstleistung verkaufen möchten.

5.4   Übungen zur Gesprächsvorbereitung und Durchführung

→ Übung 21

„Gesprächsvorbereitung"

Versuchen Sie sich bitte in die Rolle des Vorgesetzten aus dem Beispiel zu versetzen und planen Sie anhand der vier Seiten einer Nachricht das vereinbarte Gespräch. Notieren Sie sich Ihre Überlegungen und vergleichen Sie diese anschließend mit den Lösungsvorschlägen (im Anhang).

*Hier zunächst der **kurze Dialog**, aus dem ein Gespräch hervorgehen soll:*

→ Übung 21

Chefin (kommt etwas zu spät ins Büro): „Tut mir leid, das Geschäfts-führer-Meeting hat sich wieder unendlich lange hingezogen. Immer dasselbe, worum geht's?"

Mitarbeiter (zaudernd): „Ich habe mir lange überlegt, ob ich zu Ih-nen kommen soll. Sie wissen, ich bin erst kurze Zeit in Ihrer Abtei-lung."

Chefin: „Oh, das klingt, als ob Sie etwas Dringenderes auf dem Her-zen haben. Sagen Sie mir bitte kurz, worum es geht, dann schlage ich vor, dass wir schnell einen separaten Termin vereinbaren, dann kann ich mich besser vorbereiten und ich glaube, dann haben wir beide ein besseres Gefühl."

Mitarbeiter: „Ja gerne, ist eine gute Idee. Danke! Es ist so, dass seit ein paar Tagen viele Missverständnisse zwischen mir und einigen Kolle-gen aufgetreten sind. Ich habe aus meiner Sicht nur meine Aufga-ben erledigt und mit der Planung des neuen Projektes begonnen, dazu habe ich die Kolleginnen und Kollegen angesprochen und um deren Unterstützung gebeten – so wie es abgesprochen war. Die Stimmung ist aber nun ziemlich gekippt und ich habe nicht den Ein-druck, dass ich in den nächsten Wochen gut in die Abteilung integ-riert sein werde. Leider haben bisherige Versuche meinerseits nicht geholfen, im Gegenteil ..."

Chefin: „O.k., das müssen wir in Ruhe besprechen. Dann schlage ich vor, dass wir uns am kommenden Montag um 14.00 Uhr hier in mei-nem Büro treffen. Dann haben wir ausreichend Zeit uns der Sache zu widmen. Passt Ihnen der Termin?"

Mitarbeiter: „Ja danke, das passt gut. Dann also bis nächste Woche Montag und danke noch mal." (Mitarbeiter verlässt das Büro)

? Wie sähe eine Vorbereitung nach den 4 Seiten einer Nachricht aus?

6 Verhandlungen führen

Wir alle verhandeln seit unserer frühesten Kindheit, z.B. mit Eltern, Geschwistern oder Lehrern. Ging es dabei um Alltagsanliegen oder Schulprobleme, verhandeln wir heute als Erwachsene die Organisation des Haushalts, den Autokauf, unser Gehalt oder einen Sprung auf der Karriereleiter. Oft führen wir diese Verhandlungen ohne klare Vorbereitung und Ziele – bestimmte Taktiken und Strategien laufen eher unbewusst ab. Dies funktioniert in einigen Fällen sicherlich gut, aber bei professionellen Verhandlungen ist eine gute Vorbereitung inklusive Strategie und Zielen unabdingbar.

6.1 Was heißt Verhandeln?

Durchforstet man die Fachliteratur und das Internet, treffen sich die unterschiedlichen Definitionen zum Begriff Verhandeln in diesen drei Punkten:

Verhandeln bedeutet,
→ sich zu einem Sachverhalt mit einem oder mehreren unterschiedlichen Verhandlungsparteien zu einigen,
→ eine gewisse Abhängigkeit voneinander, sonst wäre das Verhandeln überflüssig und
→ die Einflussnahme beider Parteien in ihrem Rahmen – eine einseitige Abhängigkeit verhindert den Spielraum für Verhandlungen.

Die Grundannahmen sind also,
→ dass mindestens zwei Parteien aufeinander treffen,
→ die beide etwas voneinander wollen,
→ und die sich in „etwas" unterscheiden.

Dieses Etwas ist auslösend dafür, wie die Verhandlung abläuft und wie das Ergebnis aussieht.

a) Wenn die Parteien unterschiedlicher Meinung sind, ist dies **keine** Basis für eine Verhandlung. Meinungen können nicht verhandelt werden – es ist nicht per se das Ziel, sich bei Meinungen zu einigen.
Natürlich kann eine Partei die andere durch Argumente überzeugen und das fällt dann in der Rhetorik ins Ressort der Überzeugungsrede.
Erstaunlicherweise erlebe ich selbst im Alltag immer wieder Gespräche, in denen dieses Prinzip nicht erkannt wird und Meinungen hart aufeinander treffen. Diese werden immer wiederholt, bis vor allem eines passiert: die Stimmung zwischen den Gesprächspartnern kippt und von Einigung kann keine Rede sein.

→ Praxistipp:

Wenn Sie „Meinungsgespräche" besser führen möchten, beachten Sie das Folgende:

! *Erkennen Sie möglichst zügig, ob Sie „einfach nur" unterschiedlicher Meinung sind – diese Meinung können Sie einfach ausbreiten und dann „so stehen lassen".*

! *Erkennen Sie das Gemeinsame in Ihren vermeintlichen Unterschieden – das verbindet, statt zu trennen.*

! *Erkennen Sie, was das gemeinsame übergeordnete Prinzip sein könnte, das Sie alle verbindet. Dies könnten Werte sein, wie etwa Freiheit, Gerechtigkeit, Fairness etc. Darauf können Sie sich einigen, ohne von Ihrer Meinung abzukommen.*

b) Nehmen Verhandlungs-Parteien zu einem Sachverhalt unterschiedliche Positionen ein, ist dies charakteristisch für eine Verhandlung. Charakteristisch ist auch, dass die Verhandlungsparteien von Beginn an grundsätzlich bereit sind, Zugeständnisse einzugehen, damit man sich innerhalb der unterschiedlichen Positionen aufeinander zu bewegen und zu einem Ergebnis kommen kann. Das Ziel ist in der Regel ein Kompromiss, in dem beide Seiten etwas abgeben, die eine mal mehr und mal weniger.

Beispiel für eine Verhandlung um Positionen

Vera und Michael sind ein kinderloses Paar, beide sind berufstätig und im Beruf erfolgreich. Vera arbeitet aktuell ca. 70 %, Michael 100 %. Nun bekommt Vera die Möglichkeit, einen lang ersehnten Schritt nach oben auf der Karriereleiter zu machen – ihr wird eine Führungsposition angeboten. Dazu müsste sie ihre Stunden aufstocken und zu 100 % arbeiten. In einem Gespräch bittet sie Michael, weniger zu arbeiten und mehr Pflichten im Haushalt zu übernehmen, sonst könne sie ihren neuen Posten als Führungskraft nicht stemmen. Michael könnte nun um des lieben Friedens willen beigeben. Aber im Grunde ist er nicht bereit, auf seine Karriere zu verzichten.

Es steht also Position 1: *„Ich will meine Beförderung"* gegen Position 2: *„Ich will nicht auf meine Position verzichten".*

Die Verhandlung läuft nun beispielsweise (und typischerweise) so ab: Beide Parteien schieben ihre Argumente hin und her und unterfüttern diese häufig noch zusätzlich mit moralischen Botschaften an den anderen:

Vera: „Ich hab doch die ganze Zeit auf meine Karriere verzichtet und dir den Rücken gestärkt, nun bin ich mal dran."

Michael: „Ich kann aber nicht einfach weniger arbeiten, schließlich habe ich mir meine Position in den Jahren hart erarbeitet, das gibt man doch jetzt nicht einfach so auf. Das kann ich doch nie mehr wieder einholen."

Vera: „Das finde ich total egoistisch von dir, schließlich hast du doch auch gesagt, es wäre schön wenn es mehr weibliche Führungskräfte gäbe."

Michael: „Na prima, nun sollen wir Männer also alle zugunsten emanzipierter Frauen von unseren Posten abrücken und an den Herd gehen oder was?" usw.

Die Stimmung kippt, denn beide fühlen sich im Recht und führen ihr Verhandlungsgespräch mit dieser Haltung (*„Ich bleibe aber bei meiner Position"*) weiter. Eine Einigung scheint hier momentan aussichtslos, solange beide auf ihrer Position beharren und ihre persönlichen Themen wie *„dem anderen den Rücken stärken" „mehr weibliche Führungskräfte"* etc. in die Verhandlung mit hineinmischen. Im Zweifel einigen sie sich darauf, beide etwa gleichviel im Haushalt zu machen bzw. diesen „gerecht" aufzuteilen – zum Beispiel mit einem Aufgabenplan. Ein Kompromiss, bei dem beide abgeben und vor allem kein gutes Gefühl zurückbleibt. Der Kompromiss wirkt weder stabil noch wirklich alltagstauglich.

Wie könnte eine bessere Lösung aussehen? Schauen Sie sich die dritte Variante einmal näher an ...

c) In der dritten Variante ist die andere Partei ein Verhandlungspartner, mit dem man faires und kooperatives Verhandeln anstrebt und das Ziel verfolgt, ein für beide Seiten akzeptables Ergebnis zu erlangen. Die Grundhaltung der anderen Partei gegenüber ist also von vornherein eine andere: Man sieht den anderen nicht als Verhandlungsgegner, den es zu besiegen gilt und will weder einfach recht haben noch der moralische Sieger sein.

Bei dieser Haltung haben beide Verhandlungspartner vor allem eines im Fokus: Sie wollen inhaltlich für beide Seiten viel erreichen, ohne die Beziehung durch ungerecht verteilte Ergebnisse, Niederlagen oder Unstimmigkeiten auf der emotionalen Ebene zu gefährden. Sowohl die zukünftige Beziehung und eine langfristige Zusammenarbeit als auch ein optimales Verhandlungsergebnis ist hier die oberste Maxime. Voraussetzung dafür ist, dass die Parteien ihre unterschiedlichen Interessen zu einem Sachverhalt kennen. Dazu ist es notwendig, hinter den offensichtlichen Positionen eben diese Interessen und Bedürfnisse herauszuschälen – wie bei einer Zwiebel. Dies erfordert Engagement der Beteiligten – das sich aber lohnt! In der Regel hat dieser Prozess jedoch schon vor der Verhandlung begonnen – in der Vorbereitung. Wie Sie sich angemessen auf Ihre Verhandlung vorbereiten lesen Sie auf Seite 119.

Eine Verhandlung dieser Art beginnt also zunächst mit einem ausführlichen Klärungsgespräch, in dem Sie Interessen und die dazugehörigen Emotionen aller Partner ansprechen.

Dazu setzen Sie die Ihnen bereits bekannten Gesprächstechniken ein:

→ Das aktive Zuhören im Sinne des Verbalisierens von Emotionen und Bedürfnissen,

→ gezielte Fragetechniken und

→ Heraushören und Spiegeln der Selbstoffenbarungs-Botschaften mittels Paraphrasieren um das Verständnis zu sichern.

Das Beispiel für Vera und Michael

Michael: *„O.k., was wollen wir beide eigentlich? Wir möchten beruflich weiterkommen bzw. unsere Position behalten – so viel ist klar. Sag mal, worum geht es dir dabei genau? Möchtest du einfach, dass wir mehr Geld haben um den Hauskredit schneller abbezahlen zu können oder so? Das glaube ich zwar nicht, aber das war ja auch nur ein Beispiel."*

Vera: *„Klar hab' ich nichts dagegen, wenn wir mehr Geld haben, aber so viel mehr wird da wohl gar nicht übrig bleiben, leider. Ich möchte in erster Linie andere Aufgaben haben, mich weiterentwickeln, neue Herausforderungen meistern. Ich bin Mitte 30, die Chance werde ich wohl später nicht mehr bekommen. Mir wurde außerdem eine finanzielle und zeitliche Unterstützung für eine Coaching-Ausbildung zugesagt – das klingt toll, finde ich. Du weißt ja, dass mich das schon immer interessiert hat. Das gehört zu dem neuen ‚die Führungskraft als Coach'-Programm, was bei uns gerade eingeführt wird."*

Michael: *„Oh, das wusste ich ja gar nicht, das klingt wirklich toll! Da wärst du schön blöd, wenn du nicht zusagen würdest. O.k., dafür wird dann aber schon eine Menge Zeit draufgehen, mal abgesehen vom Privatleben. Aber ich wäre schon mächtig stolz auf dich – als erste weibliche Führungskraft in eurem Laden und dann auch noch mit Coaching-Ausbildung. Wenn ich nicht selbst so zufrieden wäre, könnte ich glatt neidisch werden!"*

Vera: *„Tja, kannst ja mitlernen wenn du magst. Aber im Ernst, ich will ja auch nicht, dass du unzufrieden bist und dir jemand deinen Direktor-Posten wegschnappt. Zu dem Thema „Privatleben" kann ich dir gleich noch was sagen, ist alles nur halb so wild. Unter anderem bekomme ich nämlich einen Firmenwagen und damit haben wir unser morgendliches Problem wer den Wagen bekommt, schon gelöst. Aber das eigentliche Thema ist doch erst einmal unser Haushalt – wir brauchen beide viel berufliche Kleidung, die wäscht und bügelt sich nicht von alleine und außerdem wollen wir wohl auch keine Abstriche in Punkto Sauberkeit und Lebensmitteln machen ...."* usw.

O.k., nun da ein großer Teil der eigentlichen Bedürfnisse auf dem Tisch ist und die Fronten nicht mehr stehen, sind die beiden der Lösung schon viel näher. Wenn sie sich bei der Lösungsfindung an das unten stehende Prinzip halten, steht einer Lösung, die beiden Vorteile bringt, eigentlich nichts mehr im Wege.

Hinter dem Prinzip der „Interessen statt Positionen" steckt der wichtige Gedanke, dass niemand etwas fordert oder möchte, ohne damit ein bestimmtes Interesse zu verfolgen bzw. Bedürfnis zu befriedigen.

> *Der entscheidende Unterschied, mit Interessen zu Verhandeln liegt darin, dass Interessen auf unterschiedlichen Wegen gewahrt werden können, so dass die Wahrscheinlichkeit gross ist, dass jeder das bekommen kann, was er gerne hätte.*

Positionen bleiben jedoch Positionen und können gar nicht verhandelt werden. Man kann sich lediglich annähern und einen Kompromiss eingehen. Dieser Kompromiss ist dann eine gegenseitige freiwillige Übereinkunft, bei dem die Parteien auf Teile der gestellten Forderungen verzichten, um eine Lösung herbeizuführen.

Damit ist nicht gemeint, dass das kooperative Verhandeln auf Basis von Interessen das Prinzip des Gebens und Nehmens außer Acht lässt. Beide Partner vertrauen hier darauf, ein Ergebnis zu erzielen, das für beide akzeptabel ist und beiden Vorteile bringt. Es wird also nicht von Beginn an mit dem Ziel des Kompromisses verhandelt. Vielmehr bringen die Interessen bei einem Sachverhalt neue Lösungsmöglichkeiten ins Spiel, die zuvor nicht in Betracht gezogen wurden.
Die Strategie hinter dem Verhandeln mittels Interessen wird auch Win-Win-Strategie genannt.

Das folgende Schema zeigt noch einmal die unterschiedlichen Positionen in Verhandlungen bezogen auf Gewinn und Nutzen für die Parteien.

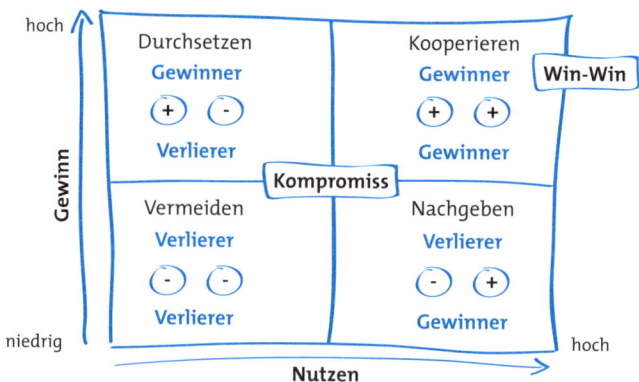

Verhaltensweisen in Verhandlungen aufgrund der inneren Einstellung zum Verhandlungspartner

Eine gute Verhandlungsstrategie sollte also folgenden Kriterien entsprechen:

→ Sie sollte eine vernünftige und wirklich zufriedenstellende Übereinkunft anpeilen,

→ auf effizientem Wege und

→ sie sollte das Verhältnis zwischen den Parteien im besten Falle stärken, aber zumindest nicht schwächen.

Diese Kriterien erzeugen nachhaltigere Ergebnisse und erleichtern zukünftige Verhandlungen der Partner miteinander.

Feilschen, das Verteidigen von Positionen oder gar Taktieren, um möglichst viel für eine Partei herauszubekommen, entspricht nicht den Grundkriterien einer klugen, effizienten und gütlichen Verhandlung. Untersuchungen (unter anderem von William Ury et al) haben gezeigt, dass die oben genannten Kriterien letztendlich auch die kostengünstigste Variante sind. Eine einmal gewonnene Verhandlung, die aber mit größeren Nachteilen oder Gesichtsverlusten der Gegenpartei endete hat in der Regel zur Folge, dass die Verhandlung wieder aufgegriffen und fortgeführt wird, wie bei einem Konflikt. Im schlimmsten Fall halten sich die Parteien nicht an die abgesprochenen Vereinbarungen und das Spiel geht von vorne los ...

Welche Einstellungen und Kommunikationstechniken trägt nun die Win Win-Strategie?

6.2 Prinzipien des kooperativen Verhandelns – Das Harvard Konzept

Das Verhandeln mit Interessen statt Position wurde in den Achtzigerjahren des 20. Jahrhunderts unter dem Begriff Harvard-Konzept entwickelt. Es entsprang einem Negotiation-Forschungsprojekt an der Harvard Universität und hatte zum Ziel, sachgerecht und erfolgreich verhandeln zu können, ohne die langfristige Beziehung der Beteiligten zu gefährden. Diese ergebnisorientierte Methode des Verhandelns beinhaltet Prinzipien, die der amerikanische Rechtswissenschaftler Roger Fisher formulierte.

Diese Prinzipien lauten:

1. Diskutieren Sie sachbezogen und verfolgen Sie Ihre Ziele.
Behandeln Sie Menschen und ihre Interessen (die Sachfragen) getrennt voneinander. Dabei schießen Sie sich nicht auf das Gegenüber ein, sondern konzentrieren sich auf Ihr Ziel. Sie erreichen damit, einerseits freundlich zu sein und dennoch standhaft und unbeirrt Ihr Ziel verfolgen zu können. Seien Sie also hart in der Sache und sanft im Umgang.

➜ *Praxis*tipp:

Sachbezogenheit bedeutet nicht, Emotionen außen vor zu lassen, sondern diese gesondert anzusprechen. In Verhandlungen spielen immer problematische Aspekte hinein, wichtig ist nur, wann und wie Sie diese ansprechen. Es hat sich bewährt Schwierigkeiten, Befürchtungen und dergleichen so früh wie möglich und so lange wie nötig zu besprechen. Es besteht ansonsten die Gefahr, zu lange im Problemfokus zu stecken und nur mit großer Mühe wieder eine freundlich-sachliche Atmosphäre schaffen zu können. Werden Probleme zu spät angesprochen, wird Ihr Partner vermutlich überrascht und die Bemühungen der bisherigen Verhandlungen waren umsonst.

2. Konzentrieren Sie sich auf Ihre Interessen und nicht auf die ursprünglichen Positionen.

Dieses Prinzip ist unabdingbar vor allem dann, wenn Sie Lösungen erhalten möchten, die beiden Parteien Vorteile bringen. Es geht also nicht um eine „Entweder-oder" Lösung. Vielmehr kann fast immer eine „Sowohl als auch"–Lösung gefunden werden, in der beide gewinnen. Beachten Sie auch, Verständnis für die Interessen des anderen zu zeigen – auch wenn Sie nicht mit allen einverstanden sind.

Interessen können sein:

- ➜ kurz- oder langfristig,
- ➜ entgegengesetzt – komplementär – gemeinsam,
- ➜ persönlich oder für die Firma,
- ➜ materiell und immateriell.

Interesse statt Position – Das berühmte „Orangen-Beispiel":

Eine Mutter hat zwei Töchter, die beide die letzte Orange im Obstkorb haben möchten (beide wollen also das gleiche). Was tut man also als kluge und faire Mutter? Nun, man könnte die Orange in der Mitte durchteilen, so hätten beide Mädchen die Hälfte und das Ergebnis wäre durchaus fair. Allerdings möchten beide ja die ganze Orange für sich, sodass das Ergebnis einem klassischen Kompromiss gleicht – jeder gibt etwas ab um etwas zu bekommen.

Wenn die Mutter jedoch nach den Interessen der Töchter fragt, könnte folgendes herauskommen: Die eine möchte die Schale um damit einen Kuchen zu verfeinern, die andere will lediglich den Saft trinken, benötigt die Schale also nicht.

Sind die Interessen also offenkundig, können in diesem Beispiel beide 100 % bekommen – eine Win-Win-Situation auf der ganzen Linie!

„Nun", werden Sie jetzt sagen, *„das ist ja auch ein konstruiertes Beispiel, im Alltag sieht das doch ganz anders aus."* Das mag sein, und es geht dabei darum, etwas Grundsätzliches zu erkennen:

Wenn Sie von Beginn an mit der inneren Haltung verhandeln, dass alle Verhandlungspartner Gewinner sein können, werden Sie anders vorgehen als wenn Sie Ihre Positionen wahren und davon nur wenig abrücken möchten. Außerdem sind die nächsten beiden Prinzipien besonders wichtig ...

3. Suchen Sie gemeinsame Lösungsmöglichkeiten.

Wenn die Interessen auf dem Tisch sind, ist es möglich, nach gemeinsamen Lösungsmöglichkeiten zu suchen. Sammeln Sie alle Optionen, die aufgrund der Interessen denkbar sind, ohne diese zunächst zu bewerten. Dazu ist eine gute Portion Kreativität hilfreich, fixieren Sie sich nicht auf ein bis zwei schnell gefundene Lösungen. Manchmal kann es nötig sein, den Kuchen, um den sich die Verhandlung dreht, zu vergrößern. Hinter diesem bekannten Verhandlungsprinzip steckt der Gedanke, durch zusätzliche Angebote, die mir als Partei nicht wirklich weh tun, der anderen Partei jedoch von größerem Nutzen sein können, die Verhandlung für beide gewinnbringend abzuschließen.

Bei einer Gehaltsverhandlung können dies ein Firmenwagen, vermögenswirksame Leistungen oder eine Weiterbildung sein, bei einem Autokauf zum Beispiel der kostenlose Kundendienst für zwei Jahre, ein CD-Player oder ein Reifenset sein.

> *BEDENKEN SIE: ALLEIN DER GEDANKE, DASS DER KUCHEN BEGRENZT WERDEN KÖNNTE, SCHRÄNKT IHRE IDEENFINDUNG ENORM EIN!*

Mehr zu diesem Prinzip finden Sie auch im Kapitel 6.3 „Zugeständnisse".

4. Beurteilen Sie objektiv und neutral.

Überprüfen und beurteilen Sie Ihre Ideen bezogen auf ihre Umsetzbarkeit. Verwenden Sie zur Beurteilung der Optionen neutrale Beurteilungskriterien.

5. Vergleichen Sie nun Ihre besten Alternativen und entscheiden Sie sich für diese, die beiden Parteien den größtmöglichen Nutzen bringen.

Gute Ergebnisse erkennen Sie daran, dass
- → diese beide Seiten befriedigen,
- → diese von den Partnern als fair betrachtet werden,
- → diese klare, messbare Vereinbarungen beinhalten, denen alle Beteiligten zustimmen,
- → diese dauerhaft eingehalten und respektiert werden,
- → diese die Bereitschaft, zukünftig miteinander zu verhandeln vergrößern,
- → jede Partei ihr Gesicht wahren kann, wenn sie den Abschluss „zu Hause verkaufen" muss.

Fasst man nun diese Prinzipien mit denen von Gesprächen im Allgemeinen zusammen, besteht eine Verhandlung aus folgenden Phasen:

Phase	Zweck und Aufgaben
Vorbereitung	→ Checkliste beachten
Aufwärmphase	→ Begrüßung → Beziehung aufbauen → Grundregeln für den Prozess ansprechen und vereinbaren (Leitung, Zeitrahmen, Methoden etc.)
Verhandlungszweck	→ Gemeinsame Definition des Zwecks und der Probleme finden → Unterschiedliche Sichtweisen klären
Interessen	→ Aus den Grundbedürfnissen die Interessen ableiten, Interessen ausloten → Vielfältigkeit der Interessen im Auge behalten (Verhandlungsgegenstand, Prozess, Beziehung, Einigung)
Optionen	→ Gemeinsamkeiten und Unterschiede ausarbeiten → Argumente austauschen → Optionen entwickeln und auswählen
Konsens	→ Gemeinsame Lösungen finden und festhalten → Anhand akzeptierter Maßstäbe überprüfen
Ergebnisabsicherung	→ Protokoll → Vertrag → Termin → Kontrolle
Perspektiven auftun	→ Zukünftige Verbindlichkeiten initiieren
Rückblende	→ Feedback aller Beteiligter: → gemeinsame Eindrücke über den Prozess austauschen
Nachbereitung	→ Verlauf der Verhandlung nachvollziehen → Eigenes Verhalten nachvollziehen: Was hat dieses ausgelöst? → Pläne für nächste Verhandlung festlegen → Verhandlungsergebnis in ersten Maßnahmen umsetzen

Beachten Sie bitte, dass das Verhandeln nach dem Harvard-Konzept in bestimmten Kulturen nicht sofort oder auch gar nicht greifen wird. In manchen Kulturen gehört das harte Positionieren und Feilschen mit dazu. Wenn Sie näheres zum interkulturellen Verhandeln lesen möchten, empfehle ich Ihnen Literatur von Alexander Mühlen wie: *Internationales Verhandeln - Konfrontation, Wettbewerb, Zusammenarbeit - mit zahlreichen interkulturellen Fakten und Fallbeispielen, LIT Verlag 2005.*

6.3 So machen Sie Zugeständnisse

Was ist aber, wenn sich die Interessen trotz kreativer Ideenphase nicht komplett umsetzen lassen? Es kommt sicherlich öfters vor, dass Sie und Ihr Verhandlungspartner Zugeständnisse machen möchten, um sich am Ende auf eine akzeptable Lösung mit dem größten Nutzen einigen zu können. Dabei geht es darum, dass der eine etwas gibt, damit der andere auch geben kann. Zugeständnisse zu machen bedeutet nicht unmittelbar, Verluste in Kauf zu nehmen. Auch hier können beide Partner gewinnen.

> **Beispiel**
>
> Sie möchten einen Gebrauchtwagen zu einem bestimmten Preis kaufen und verhandeln mit dem Verkäufer darüber. Dieser ist bereit, Ihnen den Wagen für den Preis zu überlassen, vorausgesetzt Sie kaufen ihm auch noch sein mobiles Navigationssystem ab. Da er einen Firmenwagen mit eingebautem Navigationssystem bekommen wird, benötigt er das Navi nicht mehr. Wenn Sie nun selbst eines gebrauchen können, weil Sie noch keines besitzen und viel an fremden Orten unterwegs sind, bedeutet Ihr Zugeständnis es abzukaufen, zugleich einen Vorteil für Sie.

Wenn Sie in einer Verhandlung z. B. besonders interessiert an einem Abschluss sind, werden Sie dennoch in Situationen kommen, Zugeständnisse zu machen und beispielsweise auf etwas verzichten. Sie möchten Ihrem Verhandlungspartner entgegenkommen, damit er auch Ihnen entgegenkommt.

Wie gehen Sie vor?
Signalisieren Sie Ihr Entgegenkommen klar indem Sie sagen:
„Über das Angebot können wir gerne verhandeln."

Signalisieren Sie anschließend, inwiefern Sie dies umsetzen möchten, beispielsweise indem Sie die Konditionen anpassen, sodass Sie zum Nutzen des Verhandlungspartners sind.

> Beispielsweise bin ich schon einmal einem Kunden in einem Seminarpreis entgegengekommen, weil dieser mir das Drucken und Binden der Handouts abgenommen hat. Da der Kunde eine Hausdruckerei mit freien Kapazitäten hatte (was ich wusste und einkalkuliert hatte), konnte er sich auf diesen Handel einlassen. Für mich bedeutete dies neben den ersparten Kosten vor allem eine große Zeit- und Stressersparnis. Hätte ich auf dem Druck der Papiere ohne Zugeständnis bestanden wäre der Deal nicht zustande gekommen, aus Prinzip – Nehmen bedeutet auch immer Geben!

Wenn Sie Zugeständnisse machen ...:

➜ Suchen Sie in erster Linie nach solchen, die Ihrem Verhandlungspartner wichtig sind, Sie selbst aber nicht viel kosten oder sogar zu Ihrem persönlichen Vorteil sind.

➜ Versuchen Sie Ihr Zugeständnis immer mit einem Ihres Verhandlungspartners zu verbinden.

➜ Schauen Sie, dass die Waage der Zugeständnisse ausgeglichen bleibt. Das jedoch ist sehr individuell, schließen Sie also nicht von sich auf andere. Mich selbst hat beim Beispiel oben die Entlastung zwar Geld gekostet, auf das ich aber in diesem Fall gern verzichtet habe. Ich habe die Entlastung letztendlich noch nicht einmal in Kosten umgerechnet (mein Stundensatz), denn eine emotionale Belastung ist manchmal nicht mit Geld aufzurechnen. Sicherlich kennen Sie solche Beispiele auch.

Wenn Sie nun aber an einer Ihrer Positionen festhalten und Zugeständnisse zunächst vermeiden wollen, um herauszufinden, ob diese überhaupt notwendig sind, formulieren Sie lieber:

*„Über das Angebot können wir gerne **diskutieren**."*

Beispielsweise wäre der Preis eine Position und kein Interesse.
Mit der Formulierung zeigen Sie sich bereit, im Gespräch zu bleiben, ohne jedoch sofort Zugeständnisse zu machen. Überzeugende Argumente oder weitere Informationen über das Interesse Ihres Partners können Zugeständnisse mitunter überflüssig machen (siehe das Beispiel oben, in dem der Verkäufer des Autos Ihren niedrigeren Preis nicht mehr hochhandelt und Sie auch noch ein Navigationsgerät für einen günstigen Gebrauchtpreis bekommen).

6.4　Feilschen

Unter Feilschen versteht man ein Zug-um-Zug-Verhandeln um Positionen, wobei ein Partner auf sein Angebot ein Nachgeben des anderen erwartet. Die Schritte werden dabei immer kleiner je näher man am Abschluss ist. Es ist zwar keine effiziente Verhandlungsmethode, macht aber einigen Menschen Spaß, weil es ein gewisses Risiko enthält, zu gewinnen oder zu verlieren und Fantasie erfordert.

Sie erkennen, dass Ihr Partner feilscht,

➜ wenn er unrealistisch hohe oder niedrige Angebote macht,

➜ einen genau kalkulierten Preis nennt, um den Eindruck zu machen, dieser sei bereits nah am tatsächlichen Wert (8.785 € statt 8.800 €),

➜ weitere Artikel in den Handel einbezieht, um teurere Zusatzelemente mit ins Spiel zu bringen (kumulieren),

➜ mit Abbruch der Verhandlung droht, um zu demonstrieren, dass der Preis z. B. zu hoch ist oder der entgegengekommene Schritt zu klein.

Feilschen kann sich lohnen, um am Ende der Verhandlung Großzügigkeit zu zeigen, sich in der Mitte zu treffen, insbesondere bei trivialen Verhandlungssachen. Es ist auch angebracht, wenn es die jeweilige Kultur der Verhandlungspartner traditionell erwartet.

Feilschen birgt Risiken:
→ Untersuchungen haben ergeben, dass das Ergebnis stark vom ersten Angebot beeinflusst wird und deshalb die Vereinbarung in der Mitte des ersten Angebotes und des ersten Gegenangebotes liegt. Mit einem sachgerechten Ergebnis muss das aber nichts zu tun haben.
→ Der Erfolg der Verhandlung wird zu sehr anhand der Zugeständnisse gemessen, und erfahrene Feilscher richten ihr Angebot danach aus.
→ Wer mehrfach erwähnt *„dies sei nun das letzte Wort"* und Druck ausübt, wirkt wenig seriös und vertrauenerweckend.

6.5 Zusammenfassung eines Verhandlungsablaufs

Der Prozess einer Verhandlung verläuft nach den Harvard-Prinzipien wie im folgenden Schaubild (orientiert an Coverdale):

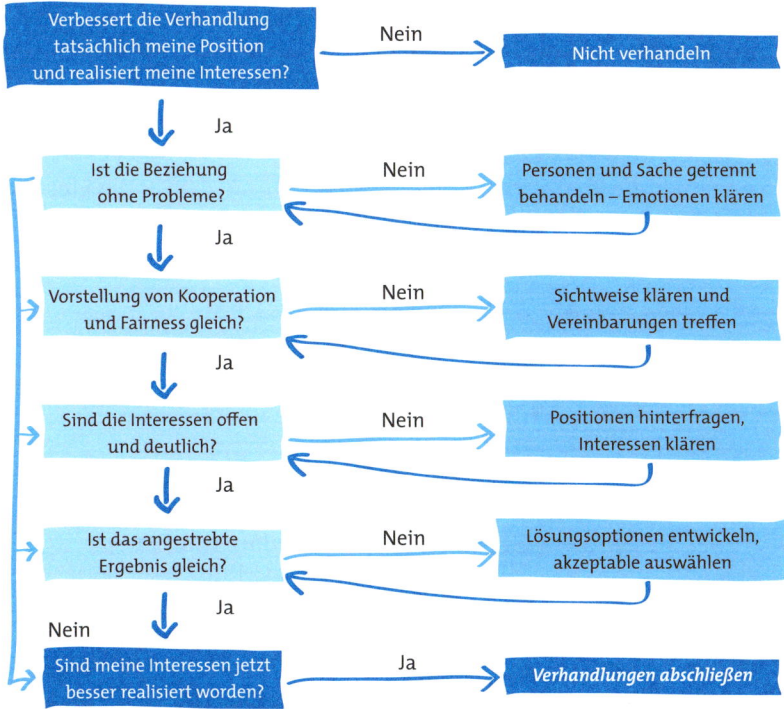

Verhandlungsablauf nach dem Harvard-Prinzip

6.6 Zu guter Letzt –
Scheitern und Ersatzlösungen

Natürlich hoffen Sie auf ein gutes Ergebnis Ihrer Verhandlung. Um allerdings zu vermeiden, dass Sie einem Ergebnis nur um der Vereinbarung willen zustimmen, sollten Sie einen Zeitpunkt des Ausstiegs festlegen.

→ **Praxis**tipp:

Überlegen Sie bereits in der Vorbereitung einer jeden Verhandlung, was Sie alternativ tun können, falls Sie Ihr Verhandlungsziel nicht erreichen.

Für eine Ersatzlösung kann man mit der BATNA-Formel arbeiten: BATNA = **B**est **A**lternative **t**o a **N**egotiated **A**greement (beste Alternative zu einem Verhandlungsergebnis). Andere Bezeichnungen sind

→ Plan B,
→ Alternativ-Szenario oder
→ Rückzugposition.

Wenn Sie diese Alternative nicht haben, müssen Sie im Zweifel mit jedem Ergebnis zufrieden sein.

Wozu ist die BATNA sinnvoll?

→ Sie erhöht Ihre eigene Sicherheit.
→ Sie verhandeln entspannter.
→ Sie haben eine Messlatte.
→ Sie gleichen die Machtposition der Gegenseite aus. Bedenken Sie: Eine starke oder schwache Verhandlungsposition ist immer relativ.
→ Sie verhindert, dass Sie erpressbar werden.

Im Unterschied zum Minimalziel ist die BATNA

→ auch ohne den Verhandlungspartner realisierbar,
→ vorbereitet, abgesprochen und geplant sowie
→ zufriedenstellend, realistisch und deckt die eigenen Interessen ab.

→ **Praxis**tipp:

Überlegen Sie sich auch die BATNA Ihres Verhandlungspartners!

Beispiel

Ich bin als Trainer niemals in eine Kundenverhandlung gegangen mit dem Gefühl, ich müsse diesen Auftrag unbedingt bekommen! Vor allem

> nicht aus Geldgründen – selbst in meiner Anfangsphase nicht! Ich hatte immer eine Alternative, und sei es, in einem ganz anderen Bereich kurzfristig Geld zu verdienen und dort zufriedener zu sein. Oder die Zeit zu nutzen, Kontakte aufzufrischen, Akquise zu betreiben, ein Buch zu schreiben oder endlich Urlaub zu machen.

Kunden, die davon ausgehen, dass man (insbesondere) in wirtschaftlich schwierigeren Zeiten bereit sein muss, für jeden Preis oder jede Kondition zu arbeiten, werden Ihre schwache Position schnell bemerken und diese (aus)nutzen. Mit einer BATNA können Sie theoretisch immer eine Absage erteilen und mittelfristig Ihre Position eher stärken. Auf einen Kunden, der mit unfairen Mitteln verhandelt, können Sie doch ohnehin verzichten, hoffentlich?

6.7   Die Vorbereitung einer Verhandlung

Unabhängig davon, ob Sie mehr Gehalt haben möchten, etwas verkaufen wollen oder ein anderes Ziel verfolgen: Das Win-Win-Prinzip sollte sich natürlich bereits in der Vorbereitung einer Verhandlung widerspiegeln.

Für eine gute Vorbereitung ist der folgende Schritt hilfreich:

→ *Praxis*tipp:

Entscheiden Sie zunächst, ob es überhaupt nützlich ist, zu verhandeln.

Wenn eine Verhandlung Ihre Interessen nicht besser realisiert, wählen Sie andere Alternativen statt auf die Mühen und Kosten der Verhandlung einzugehen. Diese Alternativen hängen von Ihren Interessen ab; dazu ein Beispiel.

> **Beispiel**
> Wenn Sie z. B. mehr Verantwortung im Job haben möchten und deshalb eine Führungsposition anstreben, in Ihrem Unternehmen aber gerade eine neue Führungsebene eingeführt wurde und gleichzeitig betriebsbedingte Kündigungen anstehen, sind Ihre Chancen eher schlecht. Alternativ könnten Sie das Unternehmen wechseln, sich selbstständig machen oder das lang ersehnte Sabbatjahr zur Neuorientierung nutzen etc. oder noch einmal genauer betrachten, welche Interessen Sie mit der Führungsposition noch verwirklichen möchten um neue Lösungen zu finden.

→ *Praxis*tipp:

Bei größeren Verhandlungen in denen es z. B. um viel Geld geht, könnte ein **Szenario zur Entscheidungsfindung** *hilfreich sein:*

! *Beschreiben Sie die derzeitige Situation.*

! *Welche Argumente sprechen für die Verhandlung?*

! *Welche Argumente sprechen gegen die Verhandlung?*

! *Bewerten Sie die Argumente.*

! *Entwerfen Sie ein Szenario:*

? *Was ist, wenn Sie nichts tun?*

? *Wie sieht der worst case aus, wenn Sie nicht verhandeln?*

? *Wie könnte der best case aussehen, wenn Sie nicht verhandeln?*

Beantworten Sie diese Fragen unbedingt schriftlich, um sich freier von Emotionen zu machen!

Notieren Sie Ihre genauen Verhandlungs-Ziele

Was möchten Sie gerne bis wann realisiert haben?
Ziele nützen Ihnen,

→ den Auftraggeber der Verhandlung einzubeziehen und einen eindeutigen Auftrag zu bekommen.
→ sich abzusichern, dass das Verhandlungsergebnis akzeptiert wird.
→ Forderungen und Vorschläge bewerten zu können.
→ zu vermeiden, dass sich die Positionen verhärten.
→ effizient zu verhandeln.
→ sich abzusichern gegenüber „unvernünftigen" Ergebnissen.

Verwenden Sie zur Konkretisierung Ihrer Ziele die **PIDEWaWa-Methode** (nach Cordula Nussbaum):

→ **P** – Positiv: Formulieren Sie Ihr Ziel positiv.
→ **I** – Ist-Zustand: Formulieren Sie in der Gegenwart und klar.
→ **D** – Detailliert: Formulieren Sie konkret und messbar.
→ **E** – Erreichbar: Suchen Sie sich realistische Ziele.
→ **Wa** – Wann: Legen Sie einen Zeitrahmen fest.
→ **Wa** – Warum: Begründen Sie, warum Sie dieses Ziel erreichen wollen. Im letzten Schritt stecken gleichzeitig Ihre Interessen, die Sie mit den Zielen realisieren möchten.

→ *Praxis*tipp:

! Für die Verhandlung selbst formulieren Sie dann pro Ziel einen **Zielbereich**, durch den Sie flexibler agieren und bessere Lösungen finden können. Ein absolutes Ziel führt zu starren Positionen und ruft mitunter Feilschen hervor.

! Definieren Sie Ihr **Minimalziel** (kurz vor Ausstieg) – und Ihr **Maximalziel** (100 % erreicht); innerhalb dieses Bereiches stecken Sie **Zwischenziele** ab.

! Überlegen Sie also auch, wo Ihre absolute Schmerzgrenze liegt, was nicht mehr akzeptabel wäre und wo umgekehrt ein gutes und ein ausgezeichnetes Ergebnis liegen würde.

BEACHTEN SIE: WICHTIG BEIM ABSTECKEN DES ZIELBEREICHES IST, IMMER IHRE INTERESSEN UND BEDÜRFNISSE IM AUGE ZU BEHALTEN – DIESE MÜSSEN AUCH BEI ZUGESTÄNDNISSEN ZUM GROSSTEIL GEWAHRT SEIN.

Beispiel zur Vorbereitung der Übung 22

Sie arbeiten bei einer Service Hotline zusammen mit weiteren Kollegen – Sie alle sind Fachleute für einen bestimmten Bereich. Einer Ihrer Kollegen hat vor drei Wochen eine Fortbildung begonnen, die Sie selbst vor zwei Jahren gemacht haben. Sie findet alle zwei Wochen am Wochenende statt und einmal in der Woche abends – insgesamt über drei Jahre. Seitdem macht Ihr Kollege täglich um 15.30 Uhr Feierabend, während Sie und die anderen ihre Schicht bis 17.00 Uhr haben. Diese Sache ist offiziell mit dem Chef abgesprochen. Nun beschweren sich die Kunden, dass sie den Kollegen nachmittags nicht mehr erreichen können und alle anderen haben außerdem Mehraufwand durch die auflaufenden Telefonate für den Kollegen.

→ Übung 22

Stellen Sie sich vor, mit dem Kollegen über die Situation in dem Beispiel ein Verhandlungsgespräch halten zu wollen – ihm ist die aktuelle Problematik noch nicht bekannt. Welche Ziele würden Sie hier verfolgen und was wären Ihre Interessen?

_____

_____

Legen Sie je nach Art der Verhandlung auch wichtige Zahlen und Fakten zurecht

Beispielsweise bei einer Preis- oder Konditionsverhandlung. Hier sollten Sie Rabatte, Skonti, Zahlungsfristen, Größen, Menge etc. bereithaben, um diese als Zugeständnisse in die Waagschale legen zu können. Bei Vertragsverhandlungen benötigen Sie außerdem genaue Informationen über die rechtliche Situation des Sachverhaltes, den Sie verhandeln.

Perspektivwechsel – die Situation des Verhandlungspartners

Wenn wir in einer Verhandlung jemand anderen beeinflussen möchten, müssen wir dafür sorgen, dass die Person ihre aktuelle Meinung ändert. Ausgangspunkt ist deshalb die gegenwärtige Meinung: Wie lautet diese, warum ist dies (noch) so und was steht einer Änderung entgegen?

Nehmen Sie nun also die Perspektive Ihres Partners ein und überlegen Sie, welche Ziele und Interessen er haben wird. Dabei gibt es sicherlich Dinge, die Sie bereits eindeutig wissen und andere, die wahrscheinlich richtig sind. Machen Sie sich ein vorläufiges Bild Ihres Partners und sammeln Sie außerdem so viele Informationen über Ihren Verhandlungspartner wie Sie können. Es wird Ihnen in der Verhandlung von großem Nutzen sein. Sie können u. a. sein Verhalten erklären, die Strategie erkennen lassen und zur Lösung beitragen.

Beantworten Sie so viele Fragen über Ihren Verhandlungspartner wie möglich:
- → In welcher Lage befindet er sich aktuell?
- → Hat er Probleme und wenn ja welche?
- → Haben andere bereits Erfahrungen mit ihm gemacht und wenn ja welche?
- → Welche Werte hat er, was ist ihm wichtig? Welche Interessen hat er?
- → Wie ist seine Persönlichkeit? Emotional, extrovertiert, introvertiert, dominant, stetig, Details liebend, visionär, aktiv oder passiv?
- → Was stört ihn, was fürchtet er?
- → Ist er als fair und kooperativ bekannt oder eher als Hardliner?
- → Welche Art von Lösungen bevorzugt er üblicherweise?
- → Ist er diskret? Zuverlässig?
- → Welche Befugnisse hat er? Von wem ist er abhängig? Wie ist seine Machtstellung? Ist er der eigentliche Verhandlungspartner? Etc.

→ Übung 23

Fortführung der letzten Übung

1. Welche Notizen zu Interessen, Zielen und Informationen könnten Sie sich auf jeden Fall für unser Beispiel machen?

2. Welches Maximal- und welches Minimalziel könnte Ihr Kollege haben?

> → **Übung 23**
>
> *3.   Auf Basis der Ziele, Interessen und Infos könnten Sie sicherlich in der Verhandlung kreative Lösungen finden. Welche fallen Ihnen ein, wenn Sie sich allein auf die Interessen fokussieren? Kleiner Tipp fürs Querdenken: Nehmen Sie z. B. einmal an, der Kollege kommt mit der Bahn oder hat ein Handy mit Freisprechanlage, zu Hause einen Computer mit Internetanschluss, Ihre Telefonanlage hat die Möglichkeit der Konferenzschaltung etc.*

Es gibt oft viele Lösungsmöglichkeiten, wenn man sich erlaubt, ungewöhnlich zu denken und allein die Interessen und deren Erfüllung im Fokus hat …

Wie bereiten Sie sich nun weiter auf die Verhandlung vor?

Stärken und Schwächen – Analyse und Alternativen

Um eine gute Ausgangsposition und Verhandlungsstrategie zu bekommen, analysieren Sie nun folgendes:

- → Welches sind Ihre Stärken? (wie etwa der Preis, Sicherheit, die Qualität, Ihre Lieferbedingungen, die Exklusivität, das Image, Ihre Zuverlässigkeit etc.)
- → Welches sind Ihre Schwächen? (höhere Preise als die Konkurrenz, schlechte Marktsituation, negatives Image, ungünstige rechtliche Situation, keine Alternativen, wenn die Verhandlung nicht in Ihrem Sinne verläuft)
- → Wo liegen Ihre Chancen in einer Einigung? (Was wird Ihnen damit möglich bzw. was vermeiden Sie, liegen weitere Chancen darin, wie lukrativ ist die Einigung mittel- oder langfristig – ein entscheidender Faktor für Zugeständnisse!)
- → Welche Risiken bzw. Gefahren hätte es …
  - • eine Einigung nicht zu erreichen?
  - • einen Vertrag mit einem als unzuverlässig geltenden Vertragspartner zu haben?
  - → eigentlich untragbare Zugeständnisse zu machen, nur um zum Abschluss zu kommen?

Sorgen Sie dafür, nicht einem Abschluss zuzustimmen, über den Sie sich anschließend doch nur ärgern, indem Sie bedenken:

- → Welche beste Alternative haben Sie, wenn der Abschluss nicht zustande kommt? Diese sollte besser sein als ein Abschluss unterhalb Ihrer Schmerzgrenze.
- → Welches ist Ihre schlechteste Alternative? Dieser sollten Sie niemals zustimmen! Ohne Vorbereitung einer Verhandlung kann diese Sie ggf. die Beziehung zum Verhandlungspartner kosten, seien Sie sich dessen bewusst.

> **Beispiel**
>
> Ich bin selbst vor einiger Zeit in ein vermeintlich harmloses Feinabstimmungsgespräch geraten, dass sich nach fünf Minuten als harte Verhandlung über den Auftrag herausstellte. Im Verlaufe des Gespräches merkte ich, wie ich für etwas eingekauft werden sollte, das entgegen meiner Werte war und mich auch noch jede Menge Vorbereitungszeit kosten würde. Inklusive geringer Entlohnung hätte dies Verlust auf der ganzen Linie bedeutet. In diesem Moment wurde mir einiges klar:
>
> Ich war nur durch die Fehleinschätzung der Situation („*Ich brauche keine Vorbereitung*") dort hineingeraten und riskierte nun, den Kunden bei einer Absage ganz zu verlieren. Allerdings merkte ich auch, dass diese Art von Grenzüberschreitung durch den Kunden schon häufiger passiert war und ich den Verlust deshalb nicht als worst case einschätzte. Den Auftrag habe ich abgelehnt und dem Kunden ein Feedback über die Gesprächsführung gegeben – die Stimmung war deshalb zunächst getrübt. Jedoch hatte dies keinen Einfluss auf Folgeaufträge, die ich nun sogar mit gestärktem Selbstbewusstsein angenommen habe. Schließlich hatte ich einmal klar Nein zu den Bedingungen gesagt.

Argumente festlegen

Wenn Sie nun wissen, was Sie erreichen wollen und warum Sie dies möchten, Ihr Zielrahmen gesteckt ist und Sie sich ausreichend in Ihr Gegenüber versetzt haben, notieren Sie, wie und womit Sie Ihr Gegenüber überzeugen möchten. Die daraus entstehenden Argumente sollten die Vorteile und den Nutzen für Ihren Verhandlungspartner klar herausstellen.

→ *Praxis*tipp:

Argumentieren Sie immer aus Sicht Ihres Verhandlungspartners und sprechen Sie ihn direkt an.

! *Statt „Man kann damit X erreichen."*

! *lieber „Sie werden mit diesem Programm Ihren Umsatz steigern können, da es durch seine speziellen Filterfunktionen ...".*

Beachten Sie*, dass die typischen Bedürfnisse eines Unternehmens in Ihrer Argumentation abgedeckt sein sollten. Diese können beispielsweise sein:*

! *Steigerung des Umsatzes bzw. Gewinns,*

! *langfristige Marktsicherheit,*

! *Erschließung neuer Märkte,*

! *Kostensenkung und Vermeidung von Kosten,*

! *Kundenzufriedenheit,*

! *positives Image ,*

! *Flexibilität, wenn Sie die Bedingungen ändern,*

! *Zufriedenheit der Mitarbeiter,*

! *Verdrängung von Konkurrenz.*

Verhandlungssettings

Wenn Sie derjenige sind, der zur Verhandlung einlädt, beachten Sie, dass Räumlichkeiten und die Sitzordnungen den Verlauf positiv oder negativ beeinflussen können.

In einem Zweiergespräch ist die Übereck-Sitzordnung besser geeignet als Face to face. Außerdem sollte „der Hausherr immer seine Burg verlassen", also nicht an seinem Schreibtisch sitzen, sondern an einem gesonderten Tisch, wenn das Gespräch im Chefbüro stattfindet.

	Übereck-Sitzordnung	Round tables/ runder Tisch	Konferenztisch
Eigenschaften	→ leichter Ausstieg aus dem Blickkontakt, Sie verhindern damit eine zu große Beziehungsspannung → gute Möglichkeit für Überlegungen	→ eine entspannte und kooperative Atmosphäre → intensive Zusammenarbeit → freie Veränderung der Blickrichtung → eine eher hierarchiearme Arbeitsatmosphäre	→ Teilnehmer sitzen um einen großen Tisch → Die Medien und der Leiter befinden sich an der Stirnseite → Blickrichtung und Aufmerksamkeit sind auf den Leiter zentriert → Es wird die Struktur einer hierarchischen Organisation abgebildet
Geeignet für:	→ lange und intensive Gespräche → Mitarbeitergespräche → Bewerbungsgespräche → den Umgang mit kritischen Fragen	→ ausführliche Diskussionen anspruchsvoller Themen im kleinen Teilnehmerkreis → Sitzungsrunden, bei denen wichtige Entscheidungen gefällt werden	→ eine klare Agenda, die strikt abgearbeitet werden kann → eine Besprechung mit vielen Input-Teilen, in denen Informationen vermittelt werden → Gesprächssituationen mit einem Moderator oder Vortragenden

7 Lösungsvorschläge für die Übungen

Übung 1 und 2
keine Lösungen, da individuell zu lösen

Übung 3
Analog sind sicher B, C, E und F, vielleicht kann man im Einzelfall darüber streiten. A und D sind digital.

Übung 4
Lösungsvorschlag

	Tonfall	Worte	Kommentar
Schneider (klopft an Bürotürrahmen)	Lieb	„Guten Morgen Frau Warenstein, haben Sie mal fünf Minuten?"	Leicht unterwürfige Bitte um ein Gespräch
Warenstein	Leicht seufzend	„Ach, hallo Frau Schneider, kommen Sie doch rein. Setzen Sie sich, ich bin gleich bei Ihnen."	Auf dem Schreibtisch stapeln sich Unterlagen, die sie sichtet und in Ablagekörbchen sortiert
Schneider	Unsiche,r aber klar	„Sind Sie sicher, dass es Ihnen gerade passt? Das sieht nach viel Arbeit aus? Es geht auch ganz schnell ..."	
Warenstein	Immer noch leicht seufzend, aber mit einem Lächeln	„Das ist es auch, und ich muss sogar bis morgen Abend fertig damit sein. Es ist momentan mehr Arbeit, weil ich mein neues Ablagesystem ausprobiere – ich war doch auf einem Selbstmanagement Seminar. Das ist noch keine Routine. Aber da können Sie ja nichts für. Worum geht es denn, es scheint ja dringend zu sein ...?"	Klar die Verantwortung für die eigenen Gefühle übernehmend
Schneider	Erleichtert	„Es geht um mein Kommunikationsseminar. Sie wissen ja, wie wichtig mir das gerade wegen der anstehenden Tagung ist. Und da gibt es ein Angebot, das toll passt, aber leider schon fast ausgebucht ist. Die Anmeldefrist ist bis Freitag, aber da hätten wir ja erst unseren Gesprächstermin. Könnten Sie sich das einmal ansehen und mir sagen, ob ich daran teilnehmen sollte, also ob es das Richtige ist?"	Kommt passend zur Situation auf den Punkt. Schätzt die Kompetenz ihrer Chefin
Warenstein	Klar und freundlich	„Ja das sehe ich ein. Das Seminar würde ich mir dennoch gerne in Ruhe ansehen, also nicht jetzt. Ich	Trifft eine klare Entscheidung für beide. Übt aufgrund

		werde es in der Mittagspause machen, das ist schon o.k.. Sind Sie so lieb und reichen mir einen Ausdruck der Übersicht rein, ich melde mich dann um ca. 13.30 Uhr bei Ihnen."	der Zusage, es in der Pause zu machen, ein wenig Macht aus („Ausdruck"), was die Situation „hierarchisch abrundet"

Übung 4
Lösungsvorschlag 2

	Tonfall	Worte	Kommentar
Schneider (klopft an Bürotürrahmen)	Lieb	„Guten Morgen Frau Warenstein, haben Sie mal fünf Minuten?"	Leicht unterwürfige Bitte um ein Gespräch
Warenstein	Leicht seufzend	„Ach, hallo Frau Schneider, kommen Sie doch rein. Setzen Sie sich, ich bin gleich bei Ihnen."	Auf dem Schreibtisch stapeln sich Unterlagen, die sie sichtet und in Ablagekörbchen sortiert
Schneider	Klar	„Können wir die Sache jetzt klären oder wann passt es Ihnen besser? Es ist dringend bezüglich der Anmeldung – ich würde Sie sonst nicht bei Ihrer Arbeit stören. Ich sehe ja, dass Sie viel zu tun haben."	Erkennt, dass ihre Chefin gerade eigentlich keinen Kopf dafür hat, sieht aber auch ihr Ziel
Warenstein	Klar	„Mhh, tatsächlich stecke ich hier gerade mitten in einer für mich wichtigen Sache. Wenn es bis heute Nachmittag reicht, sagen wir so gegen 16.00 Uhr? Ginge das?"	
Schneider	Erleichtert	„Prima, es dauert auch nicht wirklich lange, ich schicke Ihnen die Seminarübersicht gleich noch einmal per Mail, dann können Sie in Ruhe drüberschauen. Ich bin gespannt, was Ihre Meinung ist!	Die Position und Kompetenz ihrer Chefin akzeptierend
Warenstein	Klar	„Danke, dann bis heute Nachmittag um vier! Frau Schneider, sind Sie so lieb und schließen die Tür hinter sich, ich merke gerade, dass ich mich besser konzentrieren muss ..."	Klarer Gesprächsabschluss

Übung 5 bis 8
Diese Übungen sollen Sie anregen, die Theorie zu überdenken und für sich anzuwenden, bis hin dazu, dass in Aufgabe 8 eine völlig individuelle Aufforderung zur Beobachtung Ihrer Umgebung formuliert ist. Vorgegebene Lösungen machen wenig Sinn bzw. sind nicht möglich.

Übung 9

Sie müssen Ihre persönliche Zusammenfassung formulieren. Wenn es Ihnen schwerfällt, gehen Sie nochmals den Buchabschnitt durch und markieren Sie sich die Kernaussagen. Wenn Sie Ihren Text abschließend bewerten möchten, fragen Sie vielleicht jemanden aus Ihrem Umfeld, der sich mit dem Thema auch auskennt, nach seiner Einschätzung.

Übung 10

Hier kann es keine generelle Lösung geben – Sie verändern mit der Übung Ihre konkrete Praxis.

Übung 11

Hier jeweils ein Bespiel einer möglichen Lösung (andere Formulierungen sind natürlich denkbar):
1. Was hast du gestern Nachmittag noch getan?
2. Welche Medien benötigen Sie für das Seminar?
3. Welche Fragen haben Sie noch?
4. Wie beurteilen Sie die Präsentation?

Übung 12

Beispiele für Fragemöglichkeiten, andere sind selbstverständlich auch möglich:
1. *„Ich möchte gerne klären, wie wir die Mittagspause organisieren. Es gibt zwei Varianten: im Hause bleiben und in unserer Kantine essen oder rausgehen zum Italiener um die Ecke. Für beides habe ich Menüpläne. Nun aber zuerst einmal die Frage: Möchte jemand von Ihnen ausdrücklich NICHT in die Kantine, Hand hoch bitte!"*
Anmerkung: Mit dieser Einführung und der geschlossenen Frage schließen Sie mögliche Unruhen durch das Aufteilen der Gruppe von Beginn an aus. Gehen doch die Hände hoch, wissen Sie zumindest, für wie viele Personen genau Sie einen Tisch bestellen müssen. Dies ist eine effiziente Art zu fragen, wenn Sie durch die Eingrenzung der Möglichkeiten quasi nichts riskieren.

2. *„Herr Schneider. Wir haben gerade in unserer Abteilung viel zu tun, es ist Messezeit und jeder arbeitet über das normale Maß hinaus. Dafür bin ich Ihnen sehr dankbar. Das ist bisher in jedem Jahr so gewesen und gerade deshalb mache ich mir Gedanken: Ich erlebe Sie in den letzten Wochen anders, als ich Sie sonst kenne. Z. B. sind Sie ein paar Mal zu spät gekommen und wirken erschöpft. Wie erleben Sie die aktuelle Situation gerade?"*
Anmerkung: Dies ist für viele sicherlich nicht so einfach anzusprechen, denn schließlich wollen Sie zwar, dass Ihre Mitarbeiter leistungsfähig sind und bleiben. Andererseits wissen Sie als Führungskraft auch, dass Ihre Mitarbeiter nicht verpflichtet sind, private Probleme auszutauschen, die sicherlich sehr belastend sein können. Wenn Sie mit Wertschätzung für den Mitarbeiter einsteigen und ihn offen nach seiner Einschätzung zur aktuellen Lage fragen (und dabei bleibt ja offen, ob es beruflich oder privat gemeint ist), werden Sie sicherlich Informationen bekommen, die Sie beide in der Situation weiterbringen.

3. „Hallo Klaus, entschuldige, dass ich dich anspreche. Ich sehe, dass du gerade intensiv schreibst. Ich bin etwas in Not, denn ich benötige unerwartet Hilfe bei meinem Konzept. Frau Pieper, die mich beim Thema Arbeitsrecht unterstützen wollte, musste für den kranken Werner einspringen. Wann hättest du heute Vormittag Zeit, mit mir einen Termin zu vereinbaren, in dem wir darüber reden können?"

Anmerkung: Auch diese Situation kennt sicherlich nahezu jeder: ein Kollege ist beschäftigt, man muss ihn aber aufgrund einer dringenden Angelegenheit aus der Arbeit reißen und auch noch um einen Gefallen bitten. Wenn Sie auch hier mit Wertschätzung für seine Lage einsteigen, stehen die Chancen größer, dass er bereit ist, Ihnen ein offenes Ohr zu schenken. Fassen Sie sich dabei aber kurz und erklären Sie sofort worum es geht – er wird Sie ohnehin danach fragen! Fragen Sie ihn dann aber konkret und geschlossen, damit nicht zu viel Spielraum entsteht, Ihnen „wieder zu entfliehen". Hier ist die Frage „ob" derjenige Zeit hat nicht effektiv, gehen Sie davon aus, **dass** er sie hat und fragen lieber, wann genau das sein wird.

Übung 13 und 14
sind individuell zu lösen (Beobachtungsaufgaben)

Übung 15
Situation 1: Vorschlag – reagieren Sie auf diesen klassischen Einwand mit einer **Echo-Frage**: „Zu teuer?" Der Kunde wird so selbst über seine Aussage nachdenken, sie korrigieren, erläutern oder zurücknehmen. Tut er dies nicht, grenzen Sie den Einwand ein und erkennen so, ob es sich um einen Einwand oder Vorwand handelt.

Situation 2: Sie reagieren beispielsweise mit einer sicherlich unerwarteten **hypothetischen Frage**: „Stell dir mal vor, du seist der Schulze und könntest das entscheiden: Welche Kriterien wären dir bei der Auswahl des Teilprojektleiters wichtig?"
Damit fokussieren Sie den Kollegen auf die Sicht des Chefs, die er möglicherweise bisher übersehen hat. Dieser hat ggf. andere Kriterien und Interessen bei der Besetzung des Postens als der enttäuschte Mitarbeiter. Dadurch kann dieser die Entscheidung besser nachvollziehen oder Ideen entwickeln, doch noch den Posten zu bekommen.

Übung 16
Situation 1: Sie lesen zwischen den Zeilen, was Ihr Chef gemeint haben könnte und fragen: „Welchen Teil meiner Ausführungen halten Sie für unrealistisch?"
Ziel: Sie wollen einerseits Informationen und die Situation sachlich halten. Schließlich befinden Sie sich in einer hierarchisch geprägten Situation – da ist in der Regel weder freche Schlagfertigkeit noch „ins gleiche Horn tuten" angebracht! Außerdem lassen Sie damit den vorwurfsvollen Ton an Ihnen vorbeiziehen. Bleiben Sie neugierig auf die Reaktion Ihres Chefs. Immerhin muss er nun ins Detail gehen und sich erklären ...
Eine weitere Möglichkeit wäre speziell das Verbalisieren: „Sie können sich noch nicht vorstellen, wie ich meinen Vorschlag umsetzen möchte und brauchen noch mehr Informationen?" Auch hier lassen Sie den Vorwurf an sich vorbeiziehen und hören zwischen den Zeilen heraus, worum es dem Sprecher eigentlich ging. In diesem Fall ist

noch ein wenig **positive Eigeninterpretation** mit drin, als schlagfertige Komponente, um im Anschluss die Argumentation weiterführen zu können!

Situation 2: Sie lesen zwischen den Zeilen und fragen: *„Oh, Entschuldigung Frau Markowski. Sie meinen, dass ich mich mit dieser Frage ein wenig aus dem Fenster gelehnt habe? Das tut mir leid."*

Ziel: Sie wollen die Beziehung nicht schädigen, deshalb entschuldigen Sie sich zunächst, unabhängig davon, ob Sie der Kundin inhaltlich zustimmen oder nicht. Außerdem wollen Sie erfahren, was genau Sie möglicherweise falsch gemacht haben, um Ihre Kundin zu verstehen und den Fehler nicht noch mal zu begehen. Möglicherweise sind Sie nur zu forsch vorgegangen. Klären Sie bei Bedarf im Anschluss worum es **Ihnen** dabei ging. Erläutern Sie z. B., warum Sie diese Information benötigen etc.

Situation 3: Sie lesen zwischen den Zeilen, was passiert sein könnte und fragen: *„Oh, du scheinst dich in der Kantine unterhalten zu haben und bist deshalb offensichtlich sauer auf mich. Was ist passiert, kannst du mich bitte ins Bild bringen?"*

Ziel: Sie wollen die Beziehung nicht schädigen, haben aber noch keine Erklärung dafür, was überhaupt geschehen ist. Ihr Kollege hat eine „Nebelbombe" inklusive Vorwurf geworfen, deshalb gibt es (noch) keinen Anlass, sich für etwas zu entschuldigen. Sie spiegeln aber dessen Gefühle und verteidigen sich nicht geschweige denn, dass Sie sich den Vorwurf verbieten. Dieses Verhalten ist sehr professionell und führt mit Sicherheit zur Klärung der Situation. Achten Sie darauf, nicht betont lässig und ruhig zu wirken, das bringt Ihr Gegenüber mit Sicherheit noch mehr auf die Palme!

Übung 17

Mit Sicherheit ausschließen können wir das Missverständnis nicht, aber ihm mit klarerer Kommunikation entgegenwirken. Geeignete Fragen sind …
- → **Geschlossene Frage:** *„Meinen Sie Ihre Präsentationsunterlagen?"*
- → **Offene Frage:** *„Welche Unterlagen meinen Sie?"*
- → **Suggestive Frage:** *„Sie meinen sicher Ihre Präsentationsunterlagen?"*
- → **Aktiv zuhören – Paraphrasieren:** *„Habe ich das richtig verstanden – Sie brauchen von mir die vorbereiteten Präsentationsunterlagen?"*

Übung 18

Technik	Wirkung bei dosiertem Gebrauch: Partner fühlt sich …	Wirkung bei gehäuftem Gebrauch: Partner fühlt sich …
Geschlossene Frage	e	d
Zuhörzeichen wie „mhh" oder „o.k."	d	a
Minimal-Antwort wie „Erzählen Sie …"	f	b
Prozess-Frage	c	i

Offene Frage	i	h
Ich-Botschaft	b	g
Echo-Frage	h	c
Verbalisieren	a	f
Information	g	e

Übung 19

a) Lösungsvorschlag: *„Ich verstehe, dass Sie sich vor einer so wichtigen Veranstaltung Gedanken machen. Schließlich ist es der Start des Projektes und der gibt erst mal „den Ton" an. Besonders die Ausstrahlung und Atmosphäre, die die Moderation und damit das Projekt haben soll, geht Ihnen wohl noch im Kopf herum?"*

b) Lösungsvorschlag: *„Sie haben den Eindruck, dass sie für diese Aufgabe nicht die passende souveräne Ausstrahlung hat?"*

c) Lösungsvorschlag: *„Welche Ideen haben Sie denn bisher, mit denen Sie die Geschäftsleitung überzeugen möchten?"*

d) Lösungsvorschlag: *„Wenn Sie in der Rolle Ihrer Chefin wären, welche Argumente würden Sie dann überzeugen?"*

e) Lösungsvorschlag: *„Ich kann verstehen, dass man manchmal private Themen hat, die wichtig sind. Nun, es war bekannt, wie lange der Workshop geht und es überrascht mich, dass Sie sich nicht darauf einstellen konnten. Ich empfinde es als sehr störend, dass Sie nur am ersten Tag bleiben können. Sie haben in diesem Projekt eine Führungsrolle, die unter anderem damit verbunden ist, von Beginn an präsent zu sein. Wie denken Sie darüber?"*

Übung 20

Hier kann es natürlich nur eine individuelle Lösung geben.

Übung 21

In einer solchen Übung haben Sie noch nicht sehr viele Informationen vom Mitarbeiter, deshalb bleiben einige Teile zwangsläufig etwas unkonkret. In der Realiät können und sollen Sie präziser vorgehen. Hier mögliche Fragen und Ergebnisse zum Fallbeispiel:

Was sind die Ziele des Gespräches?

→ Der Mitarbeiter soll sich ernst genommen fühlen.
→ Er soll gestärkt aus dem Gespräch herausgehen und sich besser fühlen.
→ Am Ende soll eine konkrete Lösung herausgekommen sein, die allen Beteiligten gerecht wird (dies ist noch unkonkret, weil dazu Informationen fehlen. Es könnte ein Gespräch sein, ein Workshop etc.).
→ Diese Lösung soll von beiden erarbeitet worden sein.

Welche Informationen benötigen Sie vor der Lösungsfindung und welche Themen möchten Sie insgesamt ansprechen?

→ Wichtig wäre zu wissen, an welchen Aufgaben der Mitarbeiter gearbeitet und mit wem er dabei vornehmlich zusammengearbeitet hat.

→ Sie möchten außerdem noch mal auffrischen, wie die Einarbeitung des Mitarbeiters nach dessen Empfinden verlaufen ist und wer diese konkret begleitet hat. Dies kann aber auch später noch angesprochen werden ...

In welcher Situation ist der Mitarbeiter, was ist sein konkretes Anliegen bzw. Problem?

→ Der Mitarbeiter ist in einem **Konflikt**: Einerseits ist er neu und möchte gerne erfolgreich sein und seinen Aufgaben nachgehen. Andererseits scheinen die Kolleginnen und Kollegen die Absprachen nicht einzuhalten, den Kollegen als Projektmitarbeiter zu unterstützen. Wenn er diese einfordert, stößt er offenbar auf Widerstand.

→ Der neue Mitarbeiter könnte aufgrund seiner **Persönlichkeit** eine Kommunikation gewählt haben, die den Kollegen missfällt, weil sie sie nicht anspricht. Er könnte ihnen unsympathisch sein.

→ Er ist möglicherweise nicht ausreichend in das **Team integriert** (also akzeptiert) worden, sodass auf beiden Seiten noch Unklarheiten und ggf. Unsicherheiten bezüglich Rollen, Aufgaben etc. vorhanden sind.

→ Animositäten bezüglich der Position des Kollegen könnte zum Verhalten führen, da er als Neuer sofort ein Projekt leitet.

In welcher Situation befinden Sie sich als Vorgesetzte(r)?

→ Ihnen ist die Sache unangenehm, da Sie letztendlich die **Verantwortung** für die Integration tragen.

→ Sie sind etwas wütend, da Sie den Mitarbeiter eingestellt haben aufgrund seiner hohen **sozialen Kompetenz**. Darunter verstehen Sie auch, dass er dieses Thema nun **selbstständig** löst. Dies wollen Sie aber nicht ansprechen, da Sie zunächst herausfinden wollen, ob der Grund nicht doch woanders liegt.

Wie steigen Sie in das Gespräch ein?

→ Eine Möglichkeit wäre, genau an diesem Konflikt anzusetzen, um den Mitarbeiter **emotional** abzuholen; z. B. „*Ich denke, Sie haben große Energie aufgewendet, um sich schnell bei uns zu integrieren. Sie haben sich schnell in das Projekt eingearbeitet und wollen nun vorwärtskommen. Umso enttäuschender muss es für Sie sein, wenn Sie jetzt merken, dass es da offenbar ein Problem gibt, wie Sie es bei unserem ersten kurzen Kontakt angedeutet haben. Wie erleben Sie im Moment die Situation?*"

Was sind wichtige Fragen, die Sie zur Klärung formulieren würden?

→ **Gute Fragen** müssen die Problematik genauer eingrenzen, möglichst auch die damit verbundenen Emotionen ansprechen und auch Optionen ausloten.

Beispiele:

→ *„Beschreiben Sie doch bitte einmal eine konkrete Situation, in der Sie spürten, dass Sie sich nicht wohlfühlten im Kollegenkreis. Welches Verhalten hat Ihr Gefühl ausgelöst?"*

→ *„Was könnte Ihre Kollegen dazu bewogen haben, so zu reagieren?"*

→ *„Wie haben Sie reagiert und was hat das wiederum ausgelöst?"*

→ *„Würden Sie es heute anders machen, wenn Sie noch mal die Chance hätten?"*

→ *„Worum, meinen Sie, ging es in der Situation eigentlich? Für Sie? Für die Kollegen?"*

Was wäre ein gutes Ergebnis, das Sie anstreben?

→ Ein gutes Ergebnis könnte sein, wenn der Mitarbeiter wieder Mut gefasst hat und eine konkrete Idee, das Problem zu lösen, gemeinsam entwickelt wurde.

→ Zum Beispiel ein klärendes Gespräch über einen angesprochenen Konflikt mit den Betroffenen, ggf. mit Begleitung des Vorgesetzten oder eines Coaches.

→ Darüber hinaus müsste ein Treffen mit allen Projektmitgliedern stattfinden, in dem noch einmal alle Rahmenbedingungen, Rollen und vor allem aktuelle Stimmungen Raum bekommen.

Übung 22

Lösungsvorschlag:

Ihre Interessen wären möglicherweise diese:

→ Den Kollegen ins Bild setzen und sein Verständnis für die Situation bekommen.

→ Zufriedene Kunden, die ihre Probleme zeitnah gelöst bekommen.

→ Gute Stimmung innerhalb des Kollegenteams – auch mit Ihrem Kollegen.

→ Soweit es möglich ist gleiche Arbeitszeiten für alle aus Gründen der Fairness – Sie haben zwar Verständnis, aber schließlich hat der Kollege sich entschieden und er bekäme anschließend auch mehr Gehalt.

Maximalziel

Alle Bedürfnisse erfüllt, indem der Kollege alle Kundenanfragen zeitnah beantwortet und dennoch in Ruhe für seine Fortbildung lernen kann = Win-Win.

Minimalziel

Ein Kompromiss, bei dem er und Sie etwas geben müssen, sodass andere sich ins Spezialthema einarbeiten, um Teile der späten Anrufe übernehmen zu können, und der Kollege etwas später geht.

Übung 23

Lösungsvorschlag:

1. Sobald Sie dem Kollegen das Problem, von dem er noch nichts weiß, geschildert haben, wären seine **Interessen** möglicherweise diese:

→ Verständnis für seine aktuelle Situation bekommen.

→ Zufriedene Kunden, die ihre Probleme zeitnah gelöst bekommen.

→ Gute Stimmung innerhalb des Kollegenteams.

→ Genug Zeit zum Lernen und für die Fortbildung überhaupt.

→ Etwas Zeit für Freizeitaktivitäten.

Sie erkennen, dass es schon viele Übereinstimmungen gibt, in einigen Punkten unterscheiden Sie sich.

2. Die Ziele Ihres Kollegen

Sein Maximalziel

Alle Bedürfnisse erfüllt, indem die Kunden die Fragen zeitnah beantwortet bekommen, die Kollegen nicht zusätzlich belastet werden und Zeit zum Lernen und etwas Freizeit bleibt = Win-Win.

Sein Minimalziel

Ein Kompromiss, bei dem beide etwas geben müssen, sodass er später nach Hause geht, um noch Anrufe zu bearbeiten und deshalb weniger Zeit zum Lernen und vor allem kaum Freizeit hat. Außerdem müsste er so schnell wie möglich einen Kollegen einarbeiten.

Bezüglich des **Fragenkataloges** wissen Sie folgendes:

→ **In welcher Lage befindet er sich aktuell?** Er hat viel zu tun, da er zusätzliche Zeit in einer Fortbildung investiert. Sie wüssten womöglich auch seinen Familienstand und wie wichtig ihm dies ist.

→ **Hat er Probleme und wenn ja welche?** Zeitprobleme, ggf. zu Hause unter Druck? Druck von den Kollegen etc.

3. Alternativen

→ Der Kollege könnte z. B. auf der Heimfahrt noch bis 17 Uhr Anrufe per Handy erledigen.

→ Er könnte früher anfangen als die Kollegen.

→ Mittels Telefonkonferenz könnte ein Kollege, der als Vertretung helfen soll, die Gespräche mithören und so vom Kollegen direkt lernen, anstatt nur eingewiesen zu werden.

→ Der Kollege könnte einen Teil der Fragen, die in ein Programm eingetragen wurden, von zu Hause per Mail beantworten.

→ Das Unternehmen könnte eine Datenbank/Infobereich im Internet einrichten, in dem die häufig gestellten Fragen für die Kunden abrufbar sind. Und/oder einen Newsletter dazu rumschicken, mit dem man gleichzeitig Akquise betreiben kann.

→ Der Kollege könnte auch langsam seinen Nachfolger einarbeiten, schließlich macht er eine Fortbildung für Führungskräfte und wird mittelfristig nicht mehr seinen Job machen.

Literaturempfehlungen

Cohn, Ruth: Von der Psychoanalyse zur Themenzentrierten Interaktion. Klett Cotta Verlag, Stuttgart 1994. Die Begründerin der TZI legt hier in einer Sammlung von Aufsätzen anschaulich und mit vielen Beispielen dar, wie sich ihr Denkmodell entwickelt hat.

Fittau, B. / Müller-Wolf, H.M. / Schulz von Thun, F.: Kommunizieren lernen (und umlernen). 7. Auflage, Hahner Verlagsgesellschaft, Aachen 1994. Ein Sammelband, der unterschiedliche Trainingskonzepte und -materialien aus praktischen Erfahrungen heraus darstellt und viele konkrete Anregungen bietet.

Goleman, Daniel: Emotionale Intelligenz. Hanser Verlag, Wien und München 1996. Das Buch ist mittlerweile ein Klassiker geworden. Der Autor zeigt, dass wir trotz aller kognitiver Intelligenz nur dann lebenstüchtig sind, wenn wir unsere emotionale Intelligenz entwickeln. Dazu gehört der konstruktive Umgang mit Gefühlen ebenso, wie die Achtung unserer Gesprächspartner.

Gordon, Thomas: Manager-Konferenz. Hoffmann und Campe Verlag, Hamburg 1979. Gordon gehört zu den frühen Autoren, die bereits vor Jahren für die Lösung von kommunikativen Problemen Gesprächstechniken entwickelt haben, die bis heute gelten. Es lohnt sich, dieses verständlich geschriebene Original zu lesen.

Harris, Thomas: Ich bin o.k., Du bist o.k. Rowohlt Verlag, Reinbek bei Hamburg 2005. Eine sehr verständlich geschriebene Einführung in die Transaktionsanalyse.

Marc, Edmond / Picard, Dominique: Bateson, Watzlawick und die Schule von Palo Alto. Hain Verlag, Frankfurt 1991. Dieses Buch stellt die bedeutenden Theoretiker und Theorien des systemischen bzw. konstruktivistischen Ansatzes der Kommunikation vor und erläutert sie in ihrem historischen Bezugsfeld.

Märtin, Doris: Smart Talk. Sag es richtig! Campus Verlag, Frankfurt 2006. Hervorragende Zusammenfassung aller Kommunikations-Basics, treffend und ansprechend dargestellt.

McCormack, Mark: Die Schule der Kommunikation. Campus Verlag, Frankfurt 1998. Dieses Buch und sein Autor sind ausnahmsweise keiner Schule oder Theorie zuzuordnen. Er ist ein Praktiker, dazu noch Amerikaner, der aus seiner Management-Erfahrung zahlreiche konkrete Hinweise für die Lösung von unterschiedlichen Kommunikationssituationen gibt.

Nussbaum, Cordula: Organisieren Sie noch oder leben Sie schon? Zeitmanagement für kreative Chaoten. Campus Verlag, Frankfurt 2008.

Rogers, Carl: Der neue Mensch. Klett-Cotta Verlag, Stuttgart 2007. Ein Hintergrundbuch eines der Begründer und Leitfiguren der Humanistischen Psychologie.

Schmidt, Rainer: Immer richtig miteinander reden. Jungfermann Verlag, Paderborn 2009. Einfacher Einstieg in die TA für Beruf und Alltag.

Schranner, Mattias: Der Verhandlungsführer. Strategien und Taktiken, die zum Erfolg führen. dtv 2006.

Schulz von Thun, Friedemann / Ruppel, Johannes / Stratmann, Roswitha: Miteinander reden. Kommunikationspsychologie für Führungskräfte. Rowohlt Verlag, Reinbek bei Hamburg 2000. Dieser Text konkretisiert die verbreiteten Modelle der Kommunikationspsychologie von Schulz von Thun für Führungssituationen und gibt auf anschauliche Weise viele konkrete Hinweise, mit Verstrickungen im Führungsalltag umzugehen.

Schulz von Thun, Friedemann: Miteinander reden. 3 Bände. Rowohlt Verlag, Reinbek bei Hamburg 2005. Diese drei Taschenbücher enthalten eine Fülle von anregenden Analysen und Klärungshilfen für betriebliche und alltägliche Kommunikation. Die Bücher sind sehr verständlich geschrieben.

Stewart, Ion / Joines, Vann: Die Transaktionsanalyse. Eine Einführung in die TA, Herder Verlag Freiburg, Basel, Wien 2009. Dieses Buch bietet einen intensiven Einstieg in die TA, mit vielen Anreizen zur Selbstreflexion.

Stone, Douglas / Patton, Bruce / Heen, Sheila: Offen gesagt! Erfolgreich schwierige Gespräche meistern. Goldmann Verlag, München 2000. Diesem Buch liegt das sog. Harvard Verhandlungskonzept zugrunde. Dies ist eine mögliche Systematik, um Strukturen schwieriger Gespräche zu durchschauen, mit Emotionen und Interessen konstruktiv umzugehen und zu Ergebnissen zu kommen.

Thomann, Christoph / Schulz von Thun, Friedemann: Klärungshilfe. Rowohlt Verlag, Reinbek bei Hamburg 1998. Das Buch gibt insbesondere Klärungshilfen für besonders schwierige Gesprächssituationen. Es richtet sich daher eher an professionelle Gesprächshelfer oder Moderatoren.

Watzlawick, Paul: Anleitung zum Unglücklichsein. Piper Verlag, München 2009. Eine verständlich und phantasievoll geschriebene Einführung in das systemische Denken, die vielfältig an viele geläufige Alltagserlebnisse anknüpft.

Watzlawick, Paul, u.a.: Menschliche Kommunikation. Huber Verlag, Bern 2007. Ein eher formal gehaltenes Grundlagenbuch über die systemische Sicht von Kommunikation.

Die Autorin

Anke Stockhausen ist nach dem Studium der Germanistik, Psychologie und Sprecherziehung 8 Jahre als Trainerin tätig gewesen – zunächst für Office-Anwendungen und suggestopädische Lernmethoden sowie als Tutorin für E-Learning. Als Projektleiterin und Teamleiterin in einem IT-Unternehmen sammelte sie neben Führungsfertigkeiten ebenfalls Erfahrungen, wie man selbst in schwierigen Situationen gelungen Gespräche führen kann. Beweisen konnte sie sich unter anderem sowohl in der Planung und Einführung strukturierter Mitarbeitergespräche als auch in verschiedenen erfolgreich durchgeführten Trainingsprojekten. Weitere Aus- und Weiterbildungen mündeten 2005 schließlich in die Selbstständigkeit als Coach und Kommunikations-Trainerin. Ihre Kunden sind sowohl Konzerne, mittelständische Unternehmen aller Branchen als auch Non-Profit Organisationen und Verwaltungen.

Neben Trainings und Coachings zu Kommunikation im Beruf und Gesprächsführung, Schlagfertigkeit, Besprechungsmoderation und Zeitmanagement zählt das wirkungsvolle Auftreten und Präsentieren zu ihren Schwerpunkten. Vom passenden Einsatz der Stimme und Körpersprache über geeignete Medien – auch jenseits von PowerPoint – bis hin zum überzeugenden Redeaufbau unterstützt sie Menschen darin, ihre kommunikativen Ziele zu erreichen. Ferner leitet sie als Suggestopädin Weiterbildungen für Trainer mit dem besonderen Augenmerk auf „merk"-würdiges Vermitteln von Inhalten. Sie ist Inhaberin von tatsächlich:lernen! In Kontakt kommen Sie unter www.tatsaechlich-lernen.de und info@tatsaechlich-lernen.de.

Stichwortverzeichnis